探秘新宇宙

生命

小多（北京）文化传媒有限公司　编著

陕西新华出版传媒集团
未来出版社

图书在版编目（CIP）数据

生命/小多（北京）文化传媒有限公司编著. —西安：未来出版社，2015.9（2019.1 重印）
（探秘新宇宙）
ISBN 978-7-5417-5873-7

Ⅰ.①生… Ⅱ.①小… Ⅲ.①地外生命—青少年读物 Ⅳ.①Q693-49
中国版本图书馆 CIP 数据核字（2015）第 274749 号

TANMI XIN YUZHOU SHENGMING
探 秘 新 宇 宙·生 命

选题策划　陆　军
责任编辑　陈　艳
技术监制　宋宏伟
出　　版　陕西新华出版传媒集团
　　　　　未来出版社
社　　址　西安市丰庆路 91 号
经　　销　全国各地新华书店
印　　刷　陕西金德佳印务有限公司
开　　本　787mm×1092mm　1/16
印　　张　6
字　　数　80 千
版　　次　2016 年 2 月第 1 版
印　　次　2019 年 1 月第 2 次印刷
书　　号　ISBN 978－7－5417－5873－7
定　　价　28.00 元

目录 CONTENTS

前言 PREFACE

在科幻电影中，你可能见识过各种外星人，那么，现实中外星人是不是存在，他们是不是已经造访过地球？

现在，科学家越来越相信外星生命的存在。我们的宇宙由不同的层级组成：数十亿的星系，每一个星系由数十亿颗恒星组成，每颗恒星又可能拥有好几颗行星，这庞大的阵营中随时可能冲出“高手”，打破地球独一无二的生命传说。科学家从最新的望远镜观测数据中推测，宇宙中类似地球的宜居行星大概有 400 亿颗。我们很可能并不孤独。

不过，外星生命可能跟你所有的设想都不同。它让我们首先反思，我们称什么为生命，我们熟悉的生命形式、极端条件下的生命形式，以及外星球上可能存在的生命形式。你可能不以为然的“黏土”状物质，正是地球最早的可以自我复制的生物体。

有的科学家相信，外星人将信息用无线电的方式传给地球；有的科学家致力于在夜空中寻找手电筒下的“飞蛾”——用间接的方法判断太阳系外恒星是否拥有行星；有的则将努力打造能登上其他行星、卫星甚至彗星的探测器，它们直接接触的岩石信息、拍摄的星球表面的照片揭示其他行星的构成，让我们看到地球之外真实的世界。

从“搜索地外文明”(SETI)的创始人，著名的天文学家卡尔·萨根到今天的宇宙学家霍金，都相信外星生命的存在。前者积极地想在飞向宇宙的探测器中留下人类的信息，希望外星人可以看到；后者在警告人类，不要把自己的位置暴露给外星人。对他们来说，外星人的设想一直存在，只是人类何时能发现他们，怎样能发现。

第1章

生命的可能

曾经生活在这个地球上的一切生物体很可能都是从某一种原始形态遗传下来的，生命最先被注入这种形态里。……这种生命观是十分动人的。因为，当这个行星遵循着固定的引力定律不停地旋转的时候，极简单的原始形式一直并且继续在演化成无穷无尽的最美妙的形式。

——查尔斯·达尔文《物种起源》

From the Origin of Life?

从地球生命说起

为了在宇宙中寻找和识别生命，我们首先必须弄清楚生命是什么，以及生命赖以生存的基础环境。在地球上，生命存在了几十亿年，已经进化出数不清的有机物的生命形态。其他星球上的生命也许和地球生命类似，也许会截然不同。但是无论如何，在我们探索地外生命领域之前，我们要先给自己星球上的生命形式下一个定义。

最初的生命

最初，地球上只有气体、岩石和岩浆存在。其中，二氧化碳是最常见的气体，还有氨气和甲烷。岩石经常熔化，然后再重新形成。水逐渐从地壳中释放出来，缓慢地形成各种各样的水体。

那时，地球上根本没有任何生命。

地球在缓慢地进化着，开始逐渐变得适宜生命生存：水中开始有了来自大气气体的营养物质，包括碳、氢、氧、氮和磷等元素。其中磷元素是形成 DNA 的主要物质，而 DNA 是生命的基本组成成分。

就这样，地球缓慢地变化着。直到有一天，大约 40 亿年前，最初的生命开始形成——它是一个单细胞生物，很像现在我们知道的细菌，特别小，细胞壁包裹的细胞内有很多细胞器，其中包括一个链状的 DNA。

所有的生命，无论是植物、动物还是细菌，都是从这个生物体进化而来的。而其中的 DNA，是一种大分子，主要功能是储存生命体的信息，组成遗传指令，使生命的下一代能继承上一代的基本特征。可以说，今天我们看到的所有生命都有共同的起源。

这个单细胞生物开始慢慢改变它周围的环境，并扩散到所有能到达的环境中，地球开始慢慢改变。最后，当非生命物质中不可能再出现新的生命时，进化就成了新生命出现的唯一方式。

细胞壁的出现意味着有机体受到了保护，而且更能够适应环境的变化，包括那些生物体自身带来的变化。这些生物使得大气中的氧气变得越来越多，让它越来越像我们现在的大气——这促进了靠氧气呼吸的生命形式的进化。地球上的环境和生命在相互适应影响着。随着生物体逐渐进化，DNA

单细胞生物

只由单个细胞组成，独力完成新陈代谢及繁殖等活动，包括所有古细菌、真细菌和很多原生生物。

多细胞生物

多细胞生物是指由多个细胞组成的生物体，大多数可以用肉眼看到的生物都是多细胞生物。

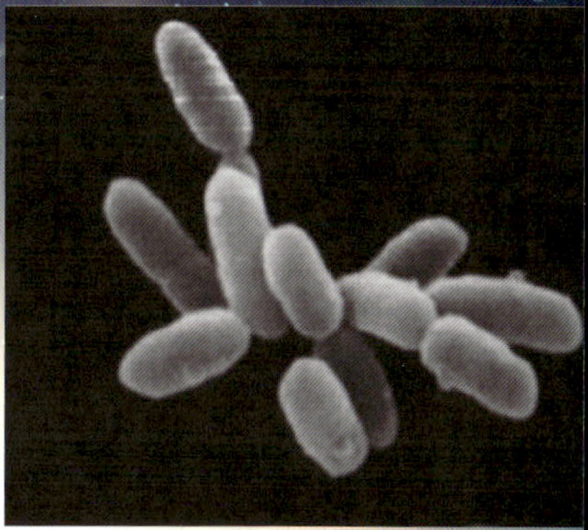

古菌是单细胞微生物，亦称古细菌，它们没有细胞核与任何其他膜结合细胞器。古菌是能够生活在温泉、盐湖之类极端环境的嗜极生物

大多数可以用肉眼看到的生物都是多细胞生物。多细胞生物的组织分多个层次：细胞、细胞组织、器官、器官系统、生物体。最简单的多细胞动物能够移动，有嘴巴、消化腔和肛门，如图中所示的水母

一代代地遗传下去，并不断发生突变，时间久了生物体也发生了变化。

生命在进化

大约 15 亿年前，第一个多细胞生物出现了。

今天存在的所有动物都有着相同的祖先，它是一种生活在水里的小虫。然而，这只是多细胞生物的开始。

从这种小虫的出现开始，生命继续进化着，并开始变得越来越复杂。就像你知道的，一个孩子和他的父母是不一样的，差异在每一代都会出现。这样的结果就是，物种一直在进化，生命越来越多样，不同的物种也越来越多。

最初生命只存在于水里，而且这种情况持续了很长时间。

渐渐地，动物开始长出坚硬的身体部位，包括外壳和骨骼结构，植物也变得更加复杂。4 亿年前，植物第一次出现在陆地上。差不多在同一时间，第一种陆生动物——千足虫也出现了。多骨鱼类在海里出现，其中一种有腭的鱼被认为是今天所有陆生脊椎动物的祖先。

随着“登陆”的一步步进行，水面之上的事物也在发

生着变化。陆地上开始长满树木，早期的两栖动物在水陆之间往返。后来，第一种爬行动物出现了。爬行动物继续进化，直到出现了第一只恐龙。随后，恐龙又进化出了鸟类。哺乳动物在这个时期已经很常见了，但是它们的体积很小，也不是陆地的主宰者。

之后，气候变得暖和起来，海平面上升，海里的生命继续繁衍。在陆地上，哺乳动物、鸟类和开花植物变得越来越多样。花朵的出现带来了一些传粉动物，比如蝴蝶的出现，花朵和传粉动物相互适应。后来地球突然变得炎热起来，我们现在能见到的植物和动物开始出现。第一种猿也出现了，现代地球开始形成。

然而，随后地球陷入了寒冷的冰期。在这段漫长的岁月里，第一批人类祖先出现了。在冰期结束的时候，现代人类文明已经发展起来了。人类出现在地球生命进化过程最后的短暂的时刻，虽然说短暂，但也有200多万年的时间。

在这段漫长的时间里，生物的DNA发生了很大的变化，而且变得越来越复杂。DNA的变化是生物多样性的主要推动因素，它为智能生命的出现做好了准备。我们人类已经进化

脊椎动物

脊椎动物一般体形左右对称，全身分为头、躯干、尾三个部分，有比较完善的感觉器官、运动器官和高度分化的神经系统。包括鱼类、两栖动物、爬行动物、鸟类和哺乳动物等五大类。

哺乳动物

哺乳动物是用肺呼吸空气的温血脊椎动物，因能通过乳腺分泌乳汁来给幼体哺乳而得名。人类也是哺乳动物的一员。

柏林自然博物馆的恐龙化石厅。恐龙是陆栖脊椎动物，最早出现在2亿3千万年前的三叠纪，曾支配全球陆地生态系统超过1亿6千万年

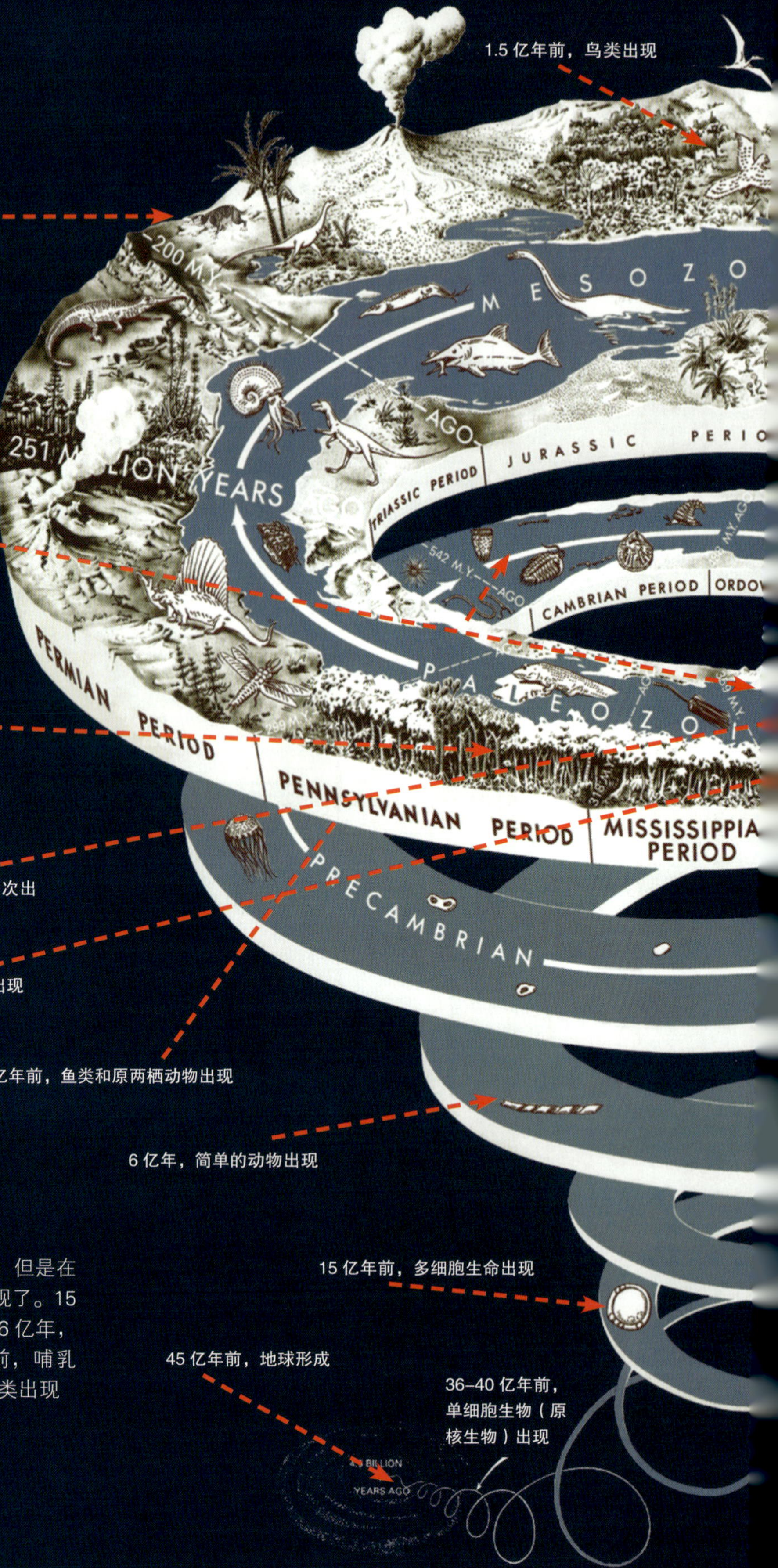

地球形成于 45 亿年前，但是在大约 40 亿年前就有生命出现了。15 亿年前，多细胞生命出现；6 亿年，简单的动物出现；2 亿年前，哺乳动物出现；250 万年前，人类出现

6500 万年前，灵长类动物出现
250 万年前，人类出现
65 MILLION YEARS AGO
ERA
CEOUS PERIOD
TERTIARY PERIOD
SILURIAN PERIOD
IAN PERIOD
56 M.Y.
34 M.Y.
23 M.Y.
5 M.Y.
Paleocene Epoch
AGO
Eocene Epoch
AGO
Oligocene Epoch
Miocene Epoch
PERIOD
Pliocene Epoch
TERTIARY
Pleistocene Epoch
locene Epoch
UATERNARY PERIOD
CENOZOIC ERA

出了一个体积大、结构复杂的大脑，提高了人的心智水平。现在，人类每天都在增加对世界的认识，并迈向了探索宇宙的征途。

地球上生命的特征

我们可以看到，地球上生命的形式多种多样。有单细胞细菌，它们和很久以前最早出现的生命很像；有花朵和树木，它们能带来氧气；有昆虫，它们的身体既简单又复杂，还有强硬的外骨骼；有遨游在海里的鱼类，它们的祖先没有成功登上陆地；还有和人类很像的哺乳动物，种类多得惊人。

地球上生命的特征示意图

尽管地球上的生命非常不同，但是每一种生命都有很多共通的地方。比如，所有的生命都是由细胞构成的；它们都以某种方式摄取并消化食物，以此产生能量；它们沿着 DNA 指定的特征，代代繁衍着；所有的生命体内都含有水和 DNA（由碳、氢、氧、氮和磷等元素构成）。碳元素是地球上最丰富、最重要的一种元素，它是构成生命的基石，每一种生命都是由含有碳元素的分子构成的。没有碳元素，就没有地球上的生命。

给宇宙中的生命画像

为了描述宇宙中的生命，我们可以借助对地球生命的理解：在地球上，如果有细胞壁，而且细胞在不断生长，为了生存，它们还能通过某种方式消化食物和繁殖，这样的物质就可以被看作是生命。

基于这些认识，我们来看看其他星球上的生命可能性。在地球之外的星球上存在生命，并非是不可能的事情。据说，火星上曾经存在过生命，而且有人建议，把地球上的细菌引入火星，就有可能像数十亿年前地球生命改造地球环境那样，改造火星的大气，从而让火星上出现更多的生命形式。

然而这种方法不一定可行。其他星球上的生命可能不同于地球上的生命。比如，对于地球生命来说，水是非常重要的组成部分，这可能源于在地球生命进化的过程中，水是一直存在的，从而成为生命所必需。而在其他星球上可能就不是这样。

所以，我们有必要根据星球本身的状况，调整对其他星球上生命的认识。相对来说，描述地球上的生命要容易一些，因为我们可以看到身边的生物体，而给宇宙中的生命画像就比较困难，如果我们把地球生命的标准应用到其他星球上去，就可能存在天然的缺陷。因为其他星球可能存在的生命形式和地球生命的形式会非常不同。

寒武纪大爆发

“寒武纪大爆发”是指在距今5.3亿年前的寒武纪时期，短短的2000万年间内，物种大量出现的情形。几乎所有门类的动物都在这一时期出现了。因出现大量的较高等生物以及物种多样性，于是，这一情形也被形象地称为“生命大爆发”。寒武纪生物群以海生无脊椎动物为主，如三叶虫。

生命进化的 24 小时

试想一下，在 40 亿年前地球的初始年代，有一群外星人来到地球，审视着地球，说：“这个地方很适合生命存在啊，未来会出现生命吗？”

他们那时也许并没有得出结论，也许他们还在思考：生命的出现是必然的呢，还是偶然的？这也是地球的科学界和哲学界一直争论着的问题。不过后来在这个星球上，无机小分子逐渐形成有机小分子，然后形成有机大分子，有机大分子又通过聚合，形成有机高分子，最后形成可繁殖的原始生命。随后，某一生物的基因发生变异，而这变异出的物种又比原有的物种更适应环境，一直到今天，科学家推测地球上有 875 万个物种，其中有 777 万种动物，29.8 万种植物，61.1 万种真菌。

有人形象地把生命进化历程比作一天 24 小时，从地球开始形成到现在，大约经过了 46 亿年，如果把午夜 0 时作为地球的诞生，那么生命的 24 小时就如图示。

进化需要时间，地球生命的进化用了 30 多亿年。试想宇宙天体的历史，已经有 100 多亿年，而科学家也认为，宇宙早期历史中潜藏着可以孕育生命形式的行星，那么是不是在这些行星中存在着已经进化了 100 多亿年的生命呢？

从生命体的进化到人类的进化，除了身体层面以及生物的神经系统在进化外，智慧意识层面、知识和群体智能也在进化。从人类可以想象到的未来的有机生命体和电脑对接融合，一直到生命体可能对恒星能量的利用和控制，物质、能量、意识的复合统一，难道这就是宇宙生命源流的全部内容吗？

所以人类在地球之外寻找的生命，是应该包括了从类似于古细菌的原核生物，一直到智慧高度进化生物之间的一切生命体。

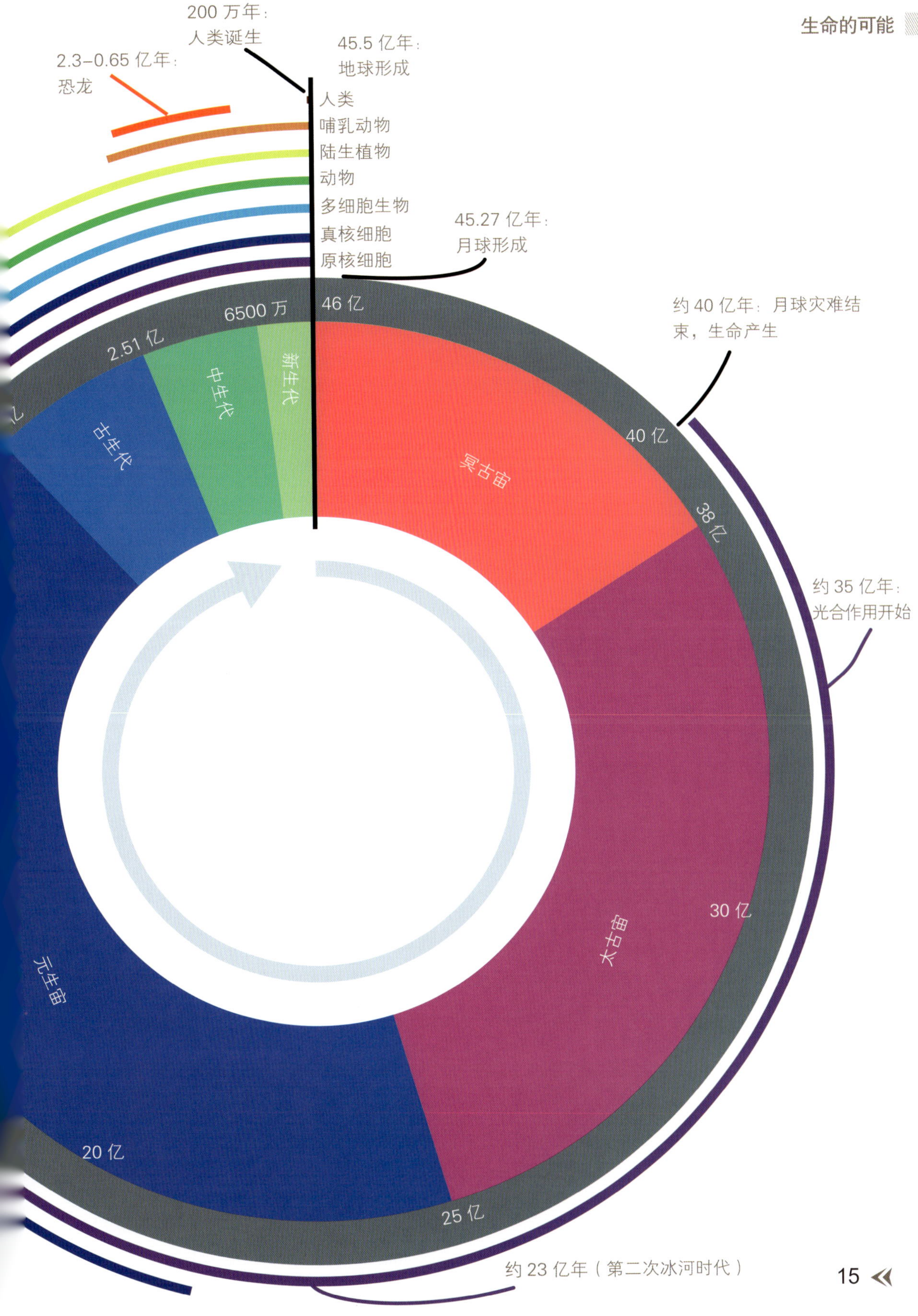
200 万年：
人类诞生
45.5 亿年：
地球形成
2.3–0.65 亿年：
恐龙
人类
哺乳动物
陆生植物
动物
多细胞生物
真核细胞
原核细胞
45.27 亿年：
月球形成
46 亿
6500 万
2.51 亿
约 40 亿年：月球灾难结束，生命产生
新生代
中生代
古生代
冥古宙
40 亿
38 亿
约 35 亿年：
光合作用开始
太古宙
30 亿
元生宙
20 亿
25 亿
约 23 亿年（第二次冰河时代）

The Extreme Survival Report
嗜极生物报告

如果没有专门的设备，人在外星球一刻也不能生存。那么，其他生命体能够生存吗？那里没有氧气，没有水，却有超高温、超低温、超常气压、高辐射，我们所能见到的有机生命体能够受得了那样极端恶劣的环境吗？

从一坛泡菜说起

四川人厨房的秘密是一只泡菜坛。泡菜的美味来自乳酸菌的发酵生成的大量乳酸，它能促成制作一种带酸味的腌制品。泡菜的制作需要乳酸含量达到一定的浓度，并隔绝空气。泡菜的 pH 值在 3.2 ~ 3.6，是酸性的。相比较而言，人体组织的正常 pH 值是在 7 ~ 7.4，属于弱碱性。泡菜确实是好吃，不过如果让你在泡菜坛里泡上半天，你能受得了吗？而这样的酸性缺氧的环境，恰恰是乳酸菌最喜欢的。在喜欢酸性环境的生物中，乳酸菌不是最厉害的。科学家在火山附近发现的细菌，可以生活在 pH 值不到 1 的酸性热水中，还发现了甚至能释放出硫酸的细菌。

在雪原、沸泉、盐湖、活火山的火山口……有那么一些独特的生命，它们生活在大多数生物望而却步的极端环境中，战胜了冷、热、酸、碱，绽放出灿烂缤纷的色彩。在自然界中，除了有耐强酸的生物，还有耐高温的生物、耐低温的生物、耐高碱的生物、耐高盐的生物、耐高压的生物和耐高辐射的生物，等等，我们将这些可以（或者需要）在极端环境中生长繁殖的微生物叫作嗜极生物。我们称它们为“嗜极”，是对比我们人类“嗜温好氧”的判断标准来看的，其实对于人类所谓的“极端”，对嗜极生物而言都是寻常之地。

嗜极生物的本领

1. 不怕高温

我们先来看看这张照片。这是美国黄石国家公园的含硫温泉，彩色的池底是嗜热的细菌，它们可以在高于 90℃的温度下生长。

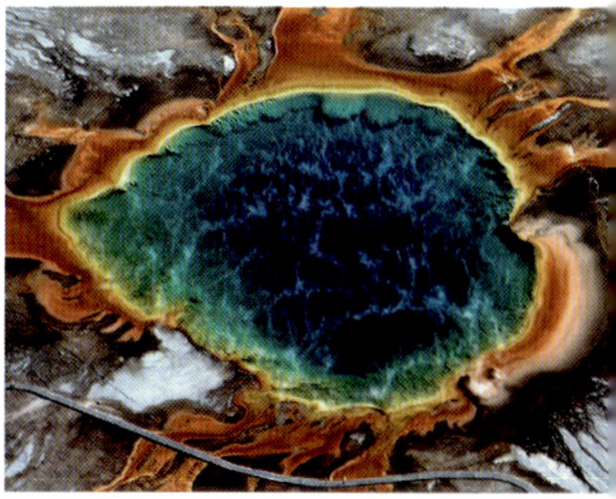

黄石公园中五彩的嗜热菌

对于自然界的大多数生物来说，高温会使细胞内的蛋白质变性、分解，令细胞死亡，就像我们煮鸡蛋的过程。那么，嗜热菌为什么在高温下仍然能够不失活性并进行正常生长呢？科学家已从嗜热菌中分离出多种蛋白质，这些细胞蛋白的结构有别于其他生物，热稳定性高，可以在高温下稳定运转——原来是不怕热的蛋白质在起作用！

2. “炼金术士”

再来看看这张图，图中充满艺术美感的黄金颗粒，也是嗜极生物的作品。科学家把一种生长在重金属环境的细菌，和高浓度的有毒氯化亚金一起放在特制的反应炉内，发现氯化亚金会先与环境中的物质发生反应产生硫化金，而细菌为了捍卫自身的生存，将环境中有毒的硫化金分解，产生了黄金。这类嗜极菌，简直就是高明的“炼金术士”！

与有毒的氯化亚金一起生活的细菌

3. 嗜辐射生物最坚强

20 世纪 50 年代中期，美国俄勒冈农业实验室的科学

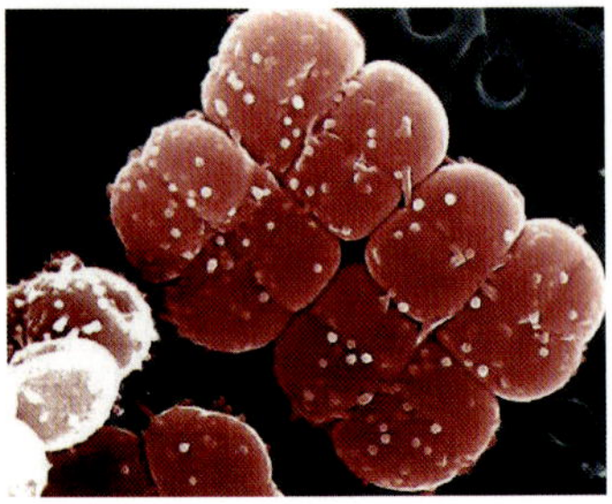
耐辐射球菌

家进行了一项实验，想看看伽马射线（γ 射线）是否能对食品罐头灭菌。γ 射线是一种高能电磁辐射，具有极强的穿透能力和对细胞的杀伤力。科学家的想法是，如果能通过适当剂量的辐射杀死密封罐头中的所有细菌，那么罐头食品的保质期就会变得更长。但意料之外的情况却引起了科学家的注意。按理说，一个受到过超高剂量 γ 射线照射的肉罐头，其中所有已知的生命形式都应该被杀死了，但它却依然变质了。地球上究竟有什么东西能抵挡住这样的打击呢？当罐头再一次被打开的时候，科学家发现了一种新的细菌。这种被称为“耐辐射球菌”的微生物，可以承受比人类细胞致命剂量还要高出数千倍的辐射，是地球上最“坚强”的生物之一。科学家通过研究发现，这种细菌有着高效而准确的 DNA 修复系统。

4. 南极的冷只是“小菜一碟”

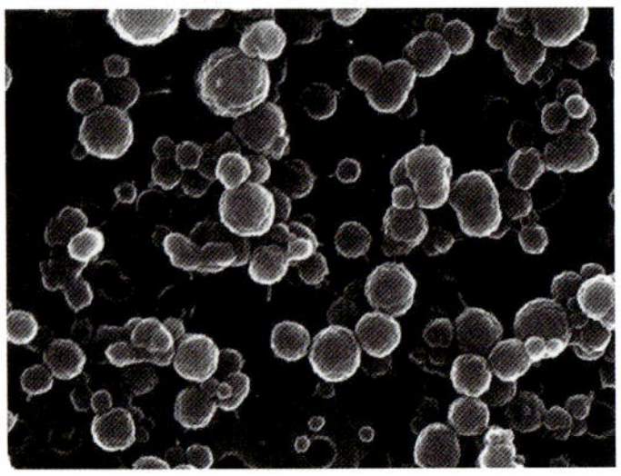
南极冰层湖底采集到的微生物

科学界一度认为南极冰盖数千米下方暗无天日，不适于生命存活，然而这里对嗜极生物来说依旧是“小菜一碟”。著名的东方湖底样本中就含有数千种生物体的 DNA。最新的研究更令人吃惊：科学家们凿开了冰盖，从位于 93 米深的霍奇逊湖的湖底挖掘到了一些干净的沉积物样本，检测发现有微生物 DNA 反应，主要是放线菌和变形菌，但只有大约 77% 的 DNA 序列能够与人类已知的物种相匹配。这些距今 10 万年的生命，仍以前所未见的形式，潜伏在南极湖泊下方。

5. 在浓碱水中游走

碱性的莫诺湖和浮游生物

被马克·吐温称为“毫无生机”的莫诺湖是一个碱性湖，平均 pH 值为 9.8，湖边奇形怪状的岩石就是强碱生成的。科学家在湖水中发现了大量的嗜碱微生物，其中的盐水虾可以在这样浓的碱水里优哉游哉。

地球生物能否在火星生存?

前面讲述的嗜极生物，是在地球上发现的在极端环境中生存的生物。如果我们把眼光放到遥远的星球和环境极端恶劣的太空，地球上的这些嗜极生物能不能在那里生存呢?例如，火星上的气压极低，相当于地球上空35千米处的大气压。35千米是什么概念呢?是珠穆朗玛峰高度的4倍。要知道，征服珠穆朗玛峰也只是少数人才能做到的事。在火星上，和低气压一样具有挑战性的是高辐射。由于没有大气层的保护，火星上的紫外线极强，这样的辐射对生物细胞的破坏是毁灭性的。

为了研究有没有地球生物可以在火星环境下生存，科学家在实验室模拟火星的环境：紫外线辐射，红外线辐射，火星土质，低气压，大气成分，温度范围 -50℃ ~ 23℃。然后把在极端地球环境中收集到的菌类生物，扔进实验舱。经过一个多月的实验，发现蓝藻和极地苔藓竟可以在这样的环境里存活，而且生活得很滋润!

火星环境模拟舱

另外，有科学家在实验中模拟火星寒暑交替的自然环境，发现两种产甲烷菌能在这种环境中幸存下来。产甲烷菌是一种古细菌，不需要有机营养或光合作用，以氢和二氧化碳作为能量和碳的来源，通过新陈代谢排出甲烷。作为厌氧细菌，产甲烷菌也不需要氧气。在地球上，产甲烷菌常见于沼泽、湿地以及食草家畜的内脏中。

蓝藻在模拟的火星环境下生长

所以，即使是火星这样缺氧、高辐射、高温、极冷的极端环境，生命仍有可能生存。这也说明了，在火星，乃至在太阳系各个行星的卫星上寻找生命，是很有前景的事情。也许未来的某一天，我们可以在那里发现一个巨大的生命群体呢!

To Know the Alien Life
直观判断外星生命

想象一下这个出现在 1956 年的一部老电影里的场景：闪亮的铝质火箭飞船在一个荒芜的星球上着陆，宇航员们身着铝箔飞行服，带着金鱼缸形的头盔，走出舱门，伸展双腿。其中一人兴奋地来到一个闪着波光的泥潭，毫无戒备地欣赏着自己的倒影。突然哧溜一下，他被吸了进去！糟糕！他没有想到这个黏稠“水坑”居然是个活物！

这是很容易犯的错误，因为有时你很难识别出“生命”，而对此下定义就更难了。生物教科书通常这样描述生物体：一个可以生长、成熟和繁殖，同时还能适应环境，并对其做出反应的细胞或细胞群。生物体差不多就是这样，但也无法一概而论。有些非生物体看似是活的，比如，岩石可以从微小的晶体种子逐步长大；而有些生机勃勃的东西也许并不符合这个描述，比如，并不是每个成年人类都会选择生育后代。

“生命清单”

星际探险家的确需要一个万无一失的方法来鉴别活着的东西。如果有了可靠的“生命清单”，本文第一段中的那个人就有可能活下来。在接近那个小“水坑”前，他应该问下列问题：

1. 这个黏稠的东西是否可以与周围的环境完全分离？换句话说，它是否可以让自身同外界分开？

2. 这个黏稠的东西是否能利用环境中的能量，来维持自身的正常运转？

3. 这个黏稠的东西是否携带所需指令，比如建造、自我修复和产出新的黏稠的东西？

如果这三个问题的回答都为“是”，那么，这个黏稠的东西可能就是活的。如果星际探险家在地球上着陆，他当然也可以使用这些问题来进行对照。地球上最简单的生物是单细胞有机体，每个细胞都包裹着一层膜，它是生命内部和外部的界限。较为复杂的生物是多细胞的叠加，每个细胞都有自己的膜。这些生物中，很多还有皮肤、壳、鳞等其他放置身体的“包裹”。如果来地球的星际探险家都了解了这些问题。那么，就在“问题 1”前画个对钩！

地球上的生物需要能量来维持正常运转。一部分生物可以进行光合作用，利用的是太阳的可见光；大部分生物从食物中提取化学能；还有一些生物利用深海海床喷口释放的热能来生长。如果星际探险家回答了这些问题，就可以在“问题 2”前画对钩！

地球生物在它们的 DNA（脱氧核糖核酸）里载有重要信息，DNA 编码指令告诉细胞该做什么事情，父母在繁殖的过程中将各自的 DNA 遗传给后代。如果这些问题也明确了，那么也可以在“问题 3”前打对钩了！

生态位

一个物种所处的环境以及其本身生活习性的匹配形成了它的生态位。每个物种都有自己独特的生态位，借以跟其他物种做出区别。例如：觅食的地点，食物的种类和大小，还有其每日的和季节性的生物节律。

生命是一个事件

既然在地球上能用这张对照表，在宇宙的其他地方也应该行得通。然而，还应该告诫探索者，外星生物可能并不按照地球人的方式行事。之前提到地球生物使用三种能量，除了这些，还有很多其他种类的能量。外星人依靠的能源可能来自辐射、重力、磁场、液体和气体的涡流动能，还有来自大气和地壳板块的压力。或许，他们可能会“吃掉”各种不可见光，如红外线、X 射线和无线电波。

即使外星人是碳基生命，他们也可能用不同的分子组成生物信息编码。也许，他们并不是由碳基构成的，根本就和地球生物不同；也许，他们的“静脉”血管里流淌的是氨或甲醇，而不是含有大量水分的血液；也许，他们的身体里根本就没有液体。

既然有这么多奇异的可能性，为了安全起见，探索者应该记住一件事：与其认为生命是一个实体，不如将其看作是一个事件。进化是在一定时间和情况下生命所做的活动。生物为了应对和利用环境的变化而进行转变，从而产生生物的多样性。生命可以演化为复杂和特殊的形式，这种形式利用了周围环境中一切生态位的可能性。

一切皆有可能

随着生命在环境中的扩张，它耗尽了周边的能量和物质资源，同时还排放出废弃物。环境的变化导致进一步的进化。此外，还有突发的巨大环境变化，比如小行星的撞击、气候变化和竞争者的出现等带来的影响。探索者应该关注这些循环和进化过程。这时你还应该注意：生物随着时间进化讲的是生物群体，而不是个体生物。进化可能表明一颗行星上存在生命，但它无法帮助探索者确定某一物体是否有生命。他们必须依靠生命对照表来判断。

在地球上，你也可以利用这份对照表。当然也存在一些特殊案例，需要具体评估。一些病毒不过是包裹着蛋白质“胶囊”的 DNA。因此，前面提到的“问题 1”和“问题 3”的答案肯定为“是”，不过“问题 2”却值得争论。一个病毒并不能完全靠自己正常运转，它必须感染和接管一个宿主细胞，利用宿主细胞的功能。那么一个单独的病毒是活的吗？还有，各种类型的人造生命也可能存在，如 DNA 和其他的生物化学物质可以在一个试管中进行混合，在未来某天，在恰好的条件下，组合恰好的成分，合成似乎是“活着的”东西。如果这一切发生，或者等到这一切实现，生命对照表将会帮你确认。

生命也许是一种从能量和物质中随机产生的东西。如果是这样的话，那么一定还有这样的东西，虽然可能非常罕见。识别外星生命将是一项挑战，而不仅是简单地发现一堆闪着微光的黏液。原始的生物可能跟周围的“非生命”环境没有太大区别，复杂的生物可能会以意想不到的形式出现。但是有一点是肯定的：不管我们遇到什么样的外星人，不管他们是否聪明，都将帮助我们明确“什么是生命”。

电影《黑衣人》里，那个外星人养的猫的脖子上挂着一个非同寻常的项圈，透过项圈能看到里面有一个微缩了的、银河一样的星系。既然星系可以和玻璃珠子一样小，生命是否也可以和星系一样大？

The Probability of Finding Extra-Terrestrial Intelligence

地外生命存在的几率

宇宙空间广袤至极，就拿我们的银河系来说，虽然它看起来只不过就像个小圆饼，但是里面却含有 200 亿 ~400 亿颗恒星。如果每颗恒星都拥有 6~8 颗行星的话，你就可以想象银河系中可能承载生命的星球数量有多么庞大。那么，地外生命存在的几率有多高？几百年来，科学家一直在考虑这个问题，而且做了一些理论上的推导。

平庸原理 (The Mediocrity Principle)

天文学家尼古拉斯·哥白尼

“平庸”这个词意味着平均或毫无特色。平庸原理是现代科学家普遍承认的一般理论，它是以 16 世纪文艺复兴时期的天文学家尼古拉斯·哥白尼的理论为基础提出的。哥白尼是这样陈述他的观点的：“一般来说，人类并不是宇宙中的特殊存在。”他坚信我们在宇宙中并不孤独，但他需要用实证来证明他的猜想。

哥白尼有很强的数学能力,并且掌握有大量关于恒星、月球和行星的观察数据。他曾告诉过他最要好的同事和朋友，太阳是太阳系的中心，其他星球都是围绕太阳旋转的。哥白尼还进一步推断，其他所有的恒星都像太阳一样，具有绕其旋转的行星，我们只是其中的一个太阳系而已。

哥白尼花了 29 年的时间，留下了大量的文献和笔记，并证实了他观点的正确性。他的大部分著作早在1530年就完成了，但由于害怕被嘲笑，他并没有公开发表。他的朋友和支持者希望他将这些文章发表出来，不少重要人士都很相信他，但他还是由于胆怯而拒绝了。直到1542年，他才允许公开发表著作中的一小部分重要内容。这些内容受到科学界的热捧，由于他提出了行星运动的正确观点，从而改变了科学的发展历史。

平庸原理认为：就如太阳系一样，数以十亿计的恒星都有绕其旋转的行星；它还认为别的地方也一定存在生命，地球并不特殊，它只是广袤宇宙星球中的一个普通星球。后来，哥白尼的平庸原理被天文学的一系列发现证明：地球的确不过是在广袤宇宙中无数星系中的一颗普通行星。

费米悖论 (The Fermi Paradox)

1950年前后，恩里科·费米在洛斯阿拉莫斯国家实验室工作，一天午饭时间他与同事爱德华·泰勒、埃米尔·康佩斯基、赫伯特·纽约在一起闲聊。

著名物理学家恩里科·费米

当时费米问到："爱德华，你觉得未来十年内我们有可能发现比光速运动更快的物体吗？""百万分之一的概率吧。"泰勒回答道。费米是个乐观主义者，他不同意泰勒的说法："你说的概率太低了，我觉得差不多十分之一。"由于众所周知的"费米奇迹"，泰勒还是相信了费米。他知道费米有一个诀窍，就是在没有任何数据的情况下，费米可以在大脑里进行即时运算，并且每次计算结果都与事实相差无几，人们将这种方法称为"费米方法"。

埃米尔·康佩斯基说他只记得两人在争论过程中所说出的数字在不断变化。然后费米就拿起笔开始计算：宜居星球存在的概率、原始生命出现的概率、人类出现的概率、先进技术出现的概率以及存在的时间。（令人惊奇的是，恰巧在费米引出此问题的十年之后，弗兰克·德雷克提出了与这个很近似的计算外星生物存在概率的“德雷克公式”。）

那次午饭的谈话讨论的其实是恩里科·费米最好奇的问题。后来他又提出了一个最大的疑问：“其他的智能生物到底在哪里？”也就是人们常说的“费米悖论”。费米认为那些历史比我们悠久的星球上应该存在智能生物，且他们已经发明了星际旅行技术，因为他们有时间来开发强大的宇宙飞船。他还解释道：生命从形成到征服宇宙只需要数千万年。

然而，如果银河系存在大量先进的地外文明，那么为什么连飞船或者探测器之类的证据都看不到？如果生命是普遍存在的话，为什么我们探测不到电磁波信号？

德雷克公式 (The Drake Equation)

天体物理学家弗兰克·德雷克

弗兰克·德雷克是著名的天体物理学家、天文学家，

也是 SETI（搜寻地外文明计划）的创始人，他是第一个试图估算银河系智能文明存在数量的人。他提出了一个基本的数学公式：$N = R^* \times fp \times ne \times fl \times fi \times fc \times L$

其中，N 代表银河系中可能与我们之间有通讯的文明的数量

R* 代表银河系形成恒星的平均速度；

fp 代表恒星的有行星可能性；

ne 代表每个恒星系中宜居行星的平均数量；

fl 代表实际上能产生生命的行星可能性；

fi 代表实际上能演化出高智生物的可能性；

fc 代表能发送可读信号的智慧文明的可能性；

L 代表智慧文明向太空发送可读信号的持续时间。

弗兰克·德雷克知道他的公式只能对外星智慧文明的数量做一个基本估计。他用最合逻辑的数字计算得到 N=10000，这意味着我们可以探测到大约 10000 个外星智能文明。

第2章

宜居的星球

每200颗恒星里就有一颗像地球一样的宜居行星。银河系里有5亿颗恒星拥有这样的类地行星！所以，当我们凝视夜空，对面应该有什么生物正在凝视着我们。

——加来道雄

A Goldilocks Zone
给“金发姑娘”找个家

我们如何能发现生命呢？我们有地球作为样本，有对太阳系长达整个人类文明时间的研究，我们曾总结出生命赖以生存的三个条件：水、能量和有机分子（或碳），并以此来判断一个星球是否极有可能存在智能生命，于是，很多研究者都在寻找具备这样条件的一个星球，不仅是寻找地外生命，也在为我们描画出可能的“新家园”的模样。

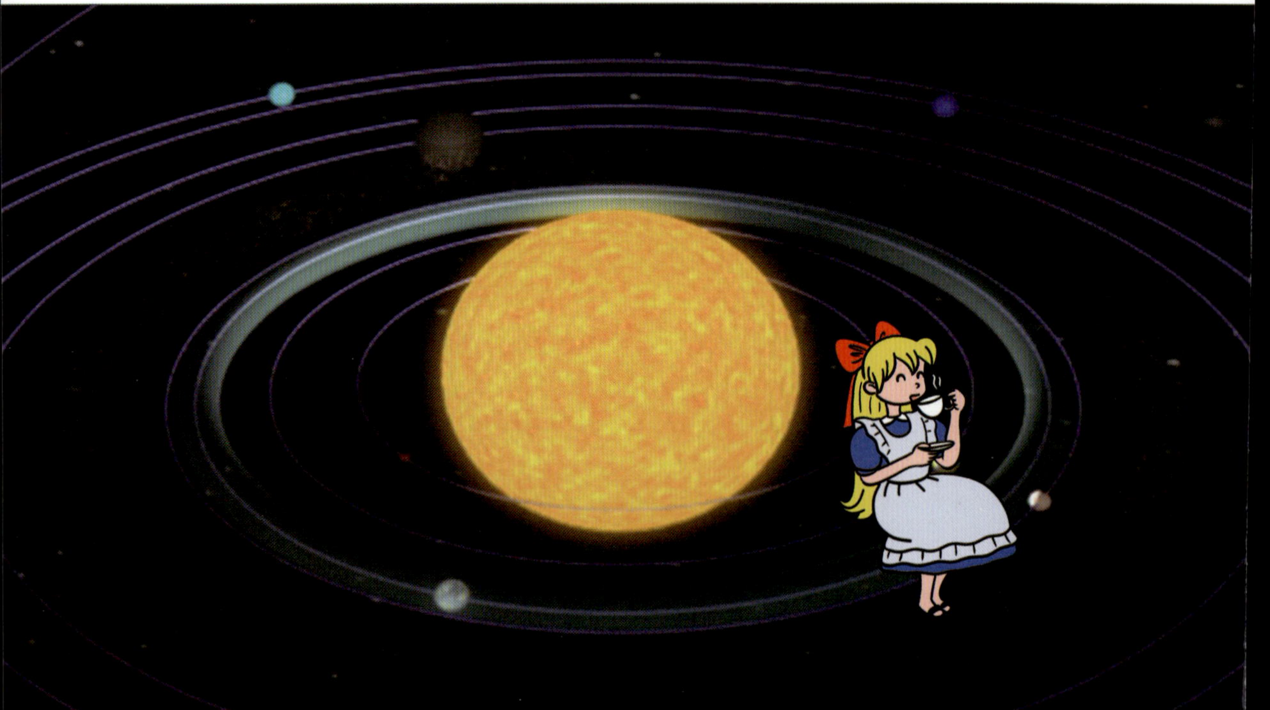

迈克尔·兰皮诺（Michael Rampino）博士在和他的学生谈论“金发姑娘”问题的时候，他可不是在讲什么童话故事。

在童话《金发姑娘和三只熊》里，迷了路的金发姑娘走进了熊的房子，她尝了三个碗里的粥，试了三把椅子，又在三张床上躺了躺，最后觉得小碗里的粥最可口，小椅子坐着最舒服，小床上躺着最惬意，因为那是最适合她的，不大不小刚刚好。

不大不小刚刚好的原则，就叫“金发姑娘原则”，就是说凡事都可以找到最适合自己的那个度。在这里，兰皮诺谈论的是在每颗恒星周围像多纳圈一样的“宜居带”（Habitable Zones，或称 HZs），那是一个不冷也不热、刚好适合生命存在的区域。

在我们的太阳系中，就有这么三个“刚刚好”的地方：金星、地球和火星。有一天，“金发姑娘”闯入了……

现在时间刚刚好

故事要从很久很久以前说起，大约40亿年以前，那时太阳系还很年轻，太阳的亮度只有现在的三分之二。要是那时“金发姑娘”到了金星，将会发现那里很热，但还适合居住，可能离宜居带会更近一些。而地球那时却冷得结冰，火星就算了吧！

新形成的行星内部很热。随着时间的推移，岩浆通过火山从星球内部迸发出来，同时带来了大量的温室气体二氧化碳。这让每个行星（可能不包括火星）变得暖和起来。地球温度变得刚刚好，金星太热，火星，还是那个样子——冷得要命。

不过故事没完，太阳在一天天变老。

宜居带

宜居带，是天文学上给出的一种空间的名称，指的是行星系中适合生命存在的区域。宜居带中的环境有利于生命的发展，并且可能像地球般出现高等生命。在星系内适合的区域内的行星和天然卫星是最佳的候选者，在这些地方，地球外的生命有能力生活在类似我们的环境下。

在太阳系内，宜居带最初是指金星到火星轨道间的区域，这里的行星离太阳的距离比较近，可以获得足够的太阳能来产生生命所需的化学物质，但是又不至于太近，让生命赖以生存的水蒸发掉或破坏有机分子。

不过，我们现在所指的宜居带大大扩张了。大型行星的强大引力可能会为它的卫星带来热量。同时，据我们所知，生命存在的条件也被扩展了。

即使没有火山迸发，金星、火星和地球这三颗行星的条件也会改善。所有的恒星都在随着年龄增长变得更亮更热，导致宜居带向外移动。当太阳年纪越来越大，它的宜居带向外移动，三个行星也会变热。如果不考虑火山活动的影响，单凭太阳变化所导致的宜居带的移动，地球应该会在20亿年后解冻。我们所知道的生命的出现可能就会推后20亿年。那么，我们就不可能出现在这里！

事实上，20亿年后，太阳会比现在亮10%，宜居带将最终到达火星。地球的空气将变得和金星一样，又干又热、无法呼吸。火星会更舒服一些，但是那时再迁移过去为时已晚，因为地球已经无法居住。

不得不说，现在的我们真是幸运，地球生命出现的时间刚刚好！

现在，我们的地球正处于太阳的宜居带中间，这里的条件刚刚好：合适的成分（水，能量，我们熟悉的生命形式所需的碳、氧、氢、氮等化学元素），合适的地壳结构保证元素的分布，合适的温度保证液态水的存在（水可以促进原子结合变成分子），合适的卫星保持行星稳定自转，合适的恒星能提供稳定的生命能源，合适的内核吸住大气、产生磁场阻挡致命的太阳辐射，还有合适的“邻居”在外围阻挡星际轰炸。

“金发姑娘”的家

说到这里，我们可以给“金发姑娘”的家下一个标准定义了。

“金发姑娘”到底要找什么样的地方安家呢？以下是她给天文学家们开出的条件，她的要求可不低。除了温度，她还看中房屋的质量、环境、采光、给排水、清洁和社会治安等，这些条件绝不亚于我们买房的要求。

1. 非常重要的一点是要考虑“房子”的供热系统。这里不能太大，需要考虑紫外线辐射的问题；也不能太小，否则行星需要靠得非常近才能保证足够的温暖，但这样会产生潮汐锁定；必须非常稳定；它必须是单星，或者至少离其他伴星非常远，不然轨道会被干扰。

2. “社区”要有“保洁系统”。最好在外层轨道上有几个大行星充当“垃圾桶”，用来清扫从太阳系外部闯入的彗星和小行星之类的碎片。当这些碎片还没有到达宜居带时，就已经被外部的大行星捕获了。

3. 必须是类地岩质行星，具有足够的重力吸住自己的大气层。

4. 行星表面必须和地球差不多。

5. 大气层气压和成分必须和地球差不多。

6. 地壳活动不能太剧烈。

7. 有强力对抗外来辐射的保护伞。必须有磁场保护。

另一个看起来不错的太阳

我们眼前的宜居带有地球、火星和外行星的几个大卫星。也许我们应该看得更长远一些，这也正是“搜星人”正在做的——找到太阳的同胞和它的宜居带。但是，怎么去找这样的星球呢?

天文学家在20多年前就确定了他们认为具有“长期宜居带”的恒星。这些恒星不仅有宽阔的宜居带，还可能拥有一颗保有液态水的行星围着它旋转，而且还能持续足够长的时间来形成生命。

恒星可依据温度由高至低，分为几种类型：O、B、A、F、G、K和M。而恒星的温度又取决于质量。

最热的蓝色恒星（称为A星）的宜居带最远，但是它只能维持几千年到几亿年，然后一个大爆炸就会使它消失

地球化

艺术家想象的火星地球化的过程

外星环境地球化（Terraforming），简称“地球化”，是设想中人为改变天体表面环境，使其气候、温度、生态类似地球环境的行星工程。很多人认为火星是最可行的地球化候选者。现在已有很多关于加热火星表面、改变其大气成分的研究，美国国家航空和航天局甚至还主持了一个有关的辩论。然而，以现在的技术，要地球化火星或其他天体，还有很长的路要走。

A 星：比太阳亮 20 倍，有宽阔的宜居带。但是这类恒星比较稀少和短寿，留给行星形成生命的时间并不多

F 星：比较稀少，只占全部恒星的 2%，但是寿命稍长，可达几十亿年，是“搜星人”寻找的目标区域之一

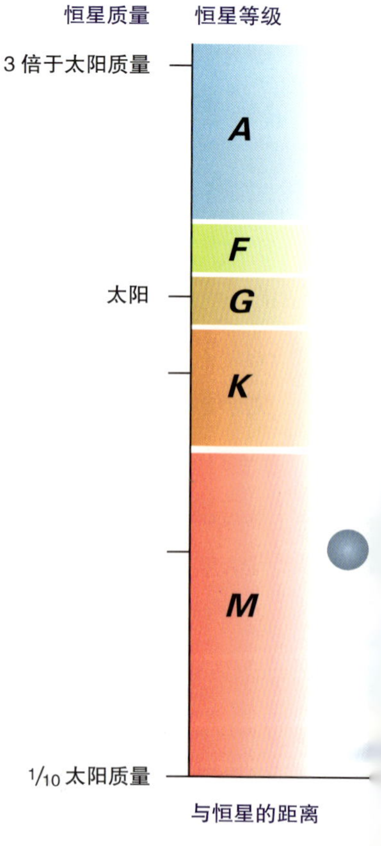

图表显示不同大小的恒星可能拥有的宜居带

AU 代表天文单位，即地球到太阳的距离，深色是研究者对宜居带的保守估计，浅色是乐观估计

G 星：包括太阳，地球现在位于宜居带内缘的边上，研究者对宜居带有一个乐观（浅色圈）和保守（深色圈）的估计

K 星、M 星：小而暗的星，宜居带略小，但是数量多而且寿命较长

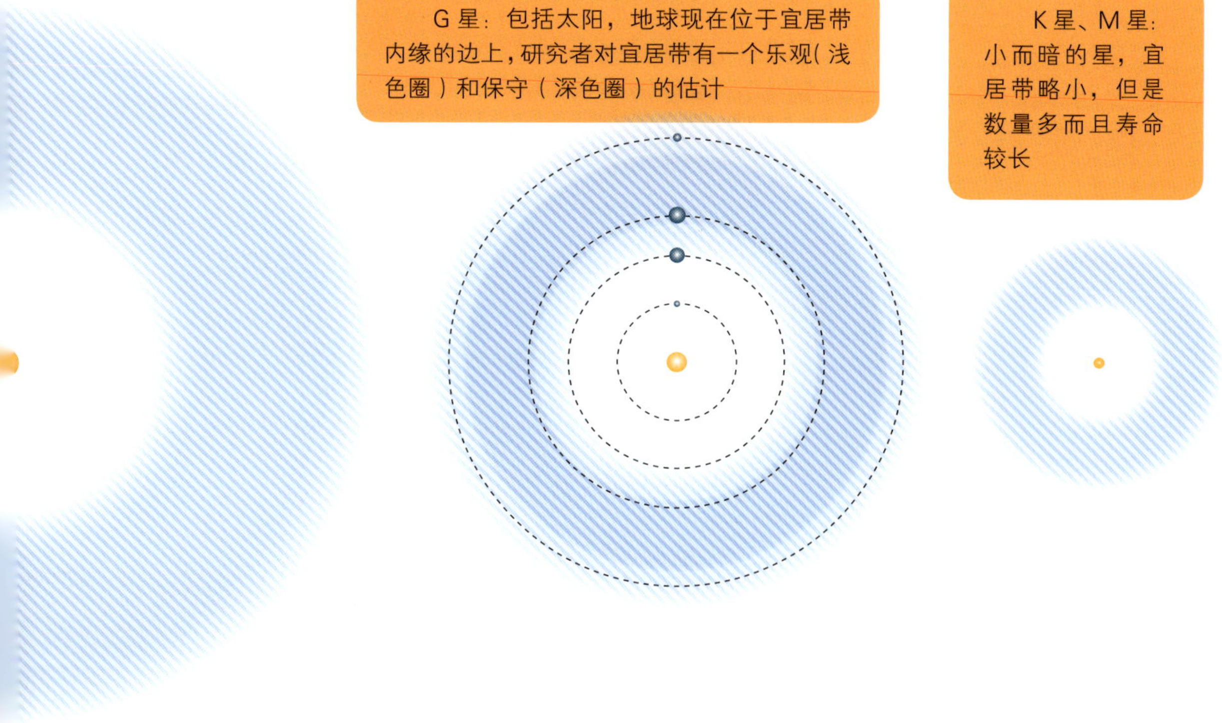

K 和 M 星周围的一些行星距离过近，会被锁住，使得它们的一侧永远面对恒星，就像月亮永远面对地球一样，这种现象也被称为潮汐锁定或同步自转

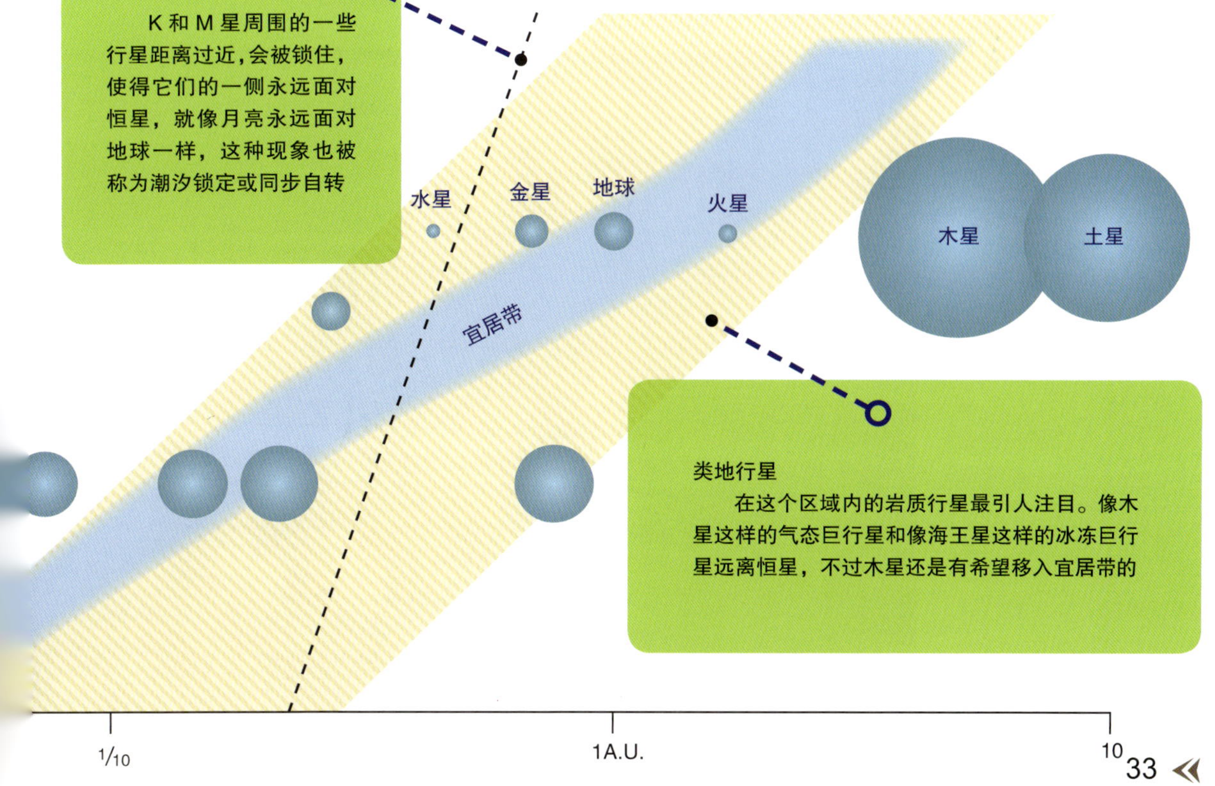

类地行星

在这个区域内的岩质行星最引人注目。像木星这样的气态巨行星和像海王星这样的冰冻巨行星远离恒星，不过木星还是有希望移入宜居带的

不见。最冷的橙色K矮星和红色M矮星发光的时间比太阳还长，它们周围的行星可能靠得很近，足够温暖以维持生命。但是这里还有一个问题，K星和M星周围的一些行星因距离过近，会被锁住，使得它们的一侧永远面对恒星，就像月亮永远面对地球一样，这种现象也被称为潮汐锁定或同步自转。背对一侧的水可能永远处于冻结状态。

天文学家认为，K星、G星、F星都具有宜居行星的潜力，它们在恒星中所占比例为1.4 ~ 2.7%。这是2011年，美国国家航空和航天局喷气推进实验室根据开普勒空间望远镜获得的数据提出的数字。这也意味着可能的宜居星球数量众多。

要解决“金发姑娘”的“住房”问题，找到一个既不太热又不太冷的地方，目前暂时还无法办到，但科学家还在努力，也许她只能先给自己找一个“茅草屋”了。如果我们不能迁移到火星上，再过20亿年左右，在地球成为不宜居住的星球之前，我们可能早就离开这里，找到另外一个适合

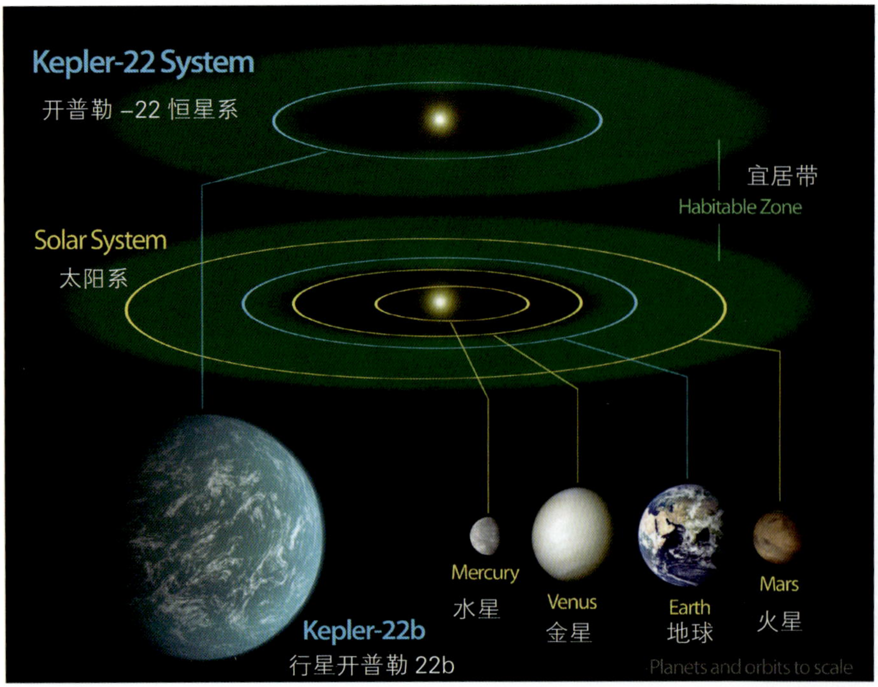

开普勒-22是美国宇航局的开普勒望远镜发现的第一个拥有宜居带行星的恒星系统。恒星开普勒-22比我们的太阳小了些，所以比起太阳的宜居带，它的宜居带稍微靠近些。行星开普勒22b具有289天的公转周期

居住的星球了！

又一特殊要求

科学家在探索系外行星的同时，也在分析我们的太阳系。为什么太阳系中会有地球这样存在生命的行星？根据近期的研究，这可能跟小行星带“恰到好处”的质量有关。

你可能对小行星心怀成见，因为它们可能会撞击地球，可能是造成地球生物大规模灭绝的“元凶”。但是，也有人认为，小行星与行星的碰撞促进了复杂生命的诞生和进化。小行星可能为早期的地球带来了水和有机化合物。还有一种理论认为，偶然的小行星撞击可能会加速生物进化的速度，因为当行星上的环境受到干扰后，生活在那里的物种就必须采取新的策略以适应环境变化。

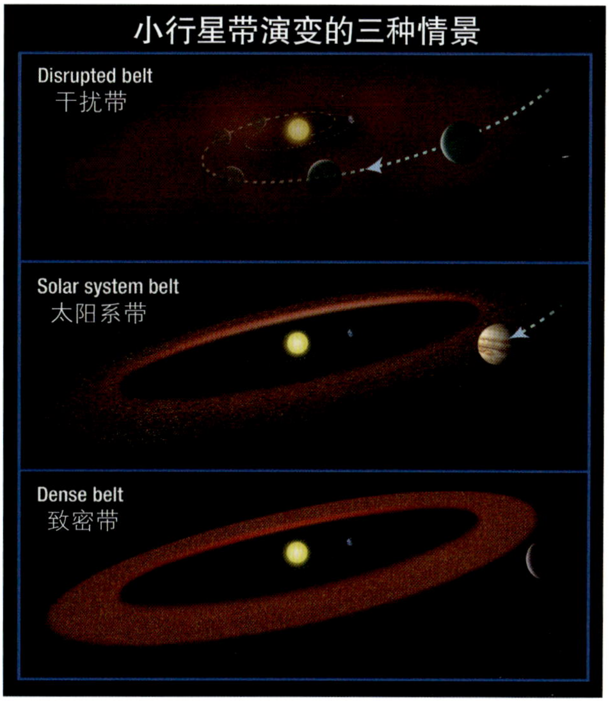

三幅图显示小行星带演变的三种可能情景。最上面的图显示与木星大小相似的行星穿过小行星带，抑制了行星上生命的形成；中间的图显示的是我们太阳系的模型，与木星大小相似的行星微微向内侧移动，但恰好在小行星带以外；最下面的图显示，巨行星没有移动，创造了一个厚重的小行星带，来自厚重小行星带的小行星会“轰炸”行星，阻止生命进化

美国科罗拉多大学的瑞贝卡·马丁和巴尔的摩空间望远镜科学院的天文学家马里奥·利维奥通过理论模型和观察数据，研究分析了太阳系外与木星大小相似的行星和环绕年轻恒星的碎片盘，发现“至今观察的行星系统中，似乎只有极小部分在恰当的位置拥有巨行星，然后产生大小合适的小行星带，为临近的岩石行星提供生命的潜在可能”。

他们认为，小行星带的大小和位置是在太阳的原行星盘进化中形成的，同时受到临近的与木星大小相似的行星的引力作用，从而成为在类似地球的行星上复杂生命是否能够进化的原因。就像这个研究暗示的，我们的太阳系可能“很特殊”。如果真如此的话，符合“宜居星球”的条件可能又会加上一条。

原行星盘

原行星盘是在新形成的年轻恒星外围绕的浓密气体。

The Census of Planets
行星“人口普查”

伽利略望远镜发明于1609年，是人类历史上第一台天文望远镜，它以凸透镜为物镜，凹透镜为目镜，一般长度为1米多，口径二三十毫米，放大率最高可达30倍。伽利略用它发现了木星的四颗卫星、土星光环、金星和水星的盈亏现象

宇宙中的地外生命会是什么样子的呢？发挥你的想象力，把他们想象成什么样子都不为过！你甚至可以猜测他们像天神一样巨大，也可以认为他们是无形的，根本就是一种能量。但是，科学是需要实证的，科学家根据我们现在掌握的资料认为：按照我们地球生命的样子来推测地外生命是最实在的。

那么，这样的生命能依托在什么地方而存在呢？最直接的推理应该是：一个像地球一样的地方，就是具有岩石外壳的固体行星。于是，在太空中寻找生命的第一步，就是寻找类似地球的行星。

在2009年以前，已经有1000多颗太阳系外行星注册在案。不过，科学家收获的大部分是气体行星，这显然不符合生命存在环境的要求，当时的普遍观点是“在整个银河系中，我们的行星是唯一的”。直到2009年3月，以德国天文学家开普勒命名的空间望远镜升空，这种观点才慢慢改变。

现在，寻找太阳系外类地行星已经成为一个大热门，像哈勃、斯皮策、开普勒、即将发射的詹姆斯·韦布空间望远镜和正在建造的全球最大的望远镜——欧洲极大望远镜都把或将把镜头对准这种不发光的星体。

“在不久的将来，人们可以指着一颗恒星说：‘那颗星拥有地球式的行星。’”麻省理工学院行星科学和物理学教

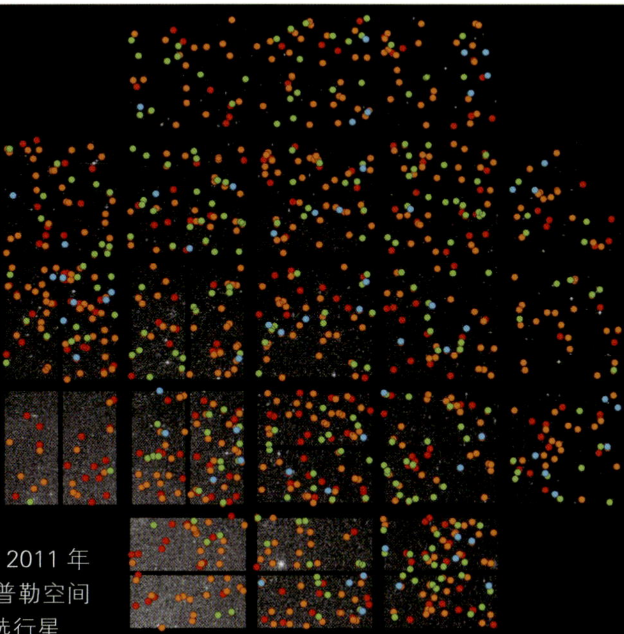

这张图表的生成基于 2011 年 2 月发布的数据，显示开普勒空间望远镜发现的 1235 颗候选行星

授萨拉·西格尔（Sara Seager）曾说道。

此刻的太空中，开普勒空间望远镜正“凝视”着天鹅、天琴和天龙座方向的 15 万多颗恒星。与环绕地球运转的哈勃空间望远镜不同，它尾随地球绕着太阳转，不会被地球遮蔽，因而能持续地观测凌星现象。开普勒空间望远镜的核心功能就是监测恒星的亮度。大多数时间内，恒星的亮度都是不变的，科学家感兴趣的是星光变暗的那段时间——它暴露了有颗行星正在从恒星前面经过。开普勒空间望远镜锁定的候选行星名单以每年几百颗的速度在增加，截止到 2014 年 11 月，已经有 4234 颗行星入围，其中经过筛选， 真正的行星有 989 颗。在这些行星中，一个重要的发现就是：在银河系中，与海王星大小相似的行星比与木星大小相似的行星更普遍，而且像地球这样大小的行星也相当多。

2013 年，美国加州大学伯克利分校的埃里克·佩蒂古拉（Erik Petigura ）等根据开普勒空间望远镜 4 年来搜集的数据进行分析，得出结论：银河系内类似太阳的恒星中，有

开普勒望远镜 2009 年 3 月 6 日升空。它长 4.7 米，口径 0.95 米，重 1039 千克。它跟随着地球，在环绕太阳的轨道上运转有行星的恒星的特性

开普勒望远镜通过发现恒星亮度周期性变暗来探测太阳系外行星。它有能力探测出 1/50000 的亮度变化。它的任务是测量系外行星的轨道、大小、质量、密度等的范围，并确定那些拥有行星的恒星的特性

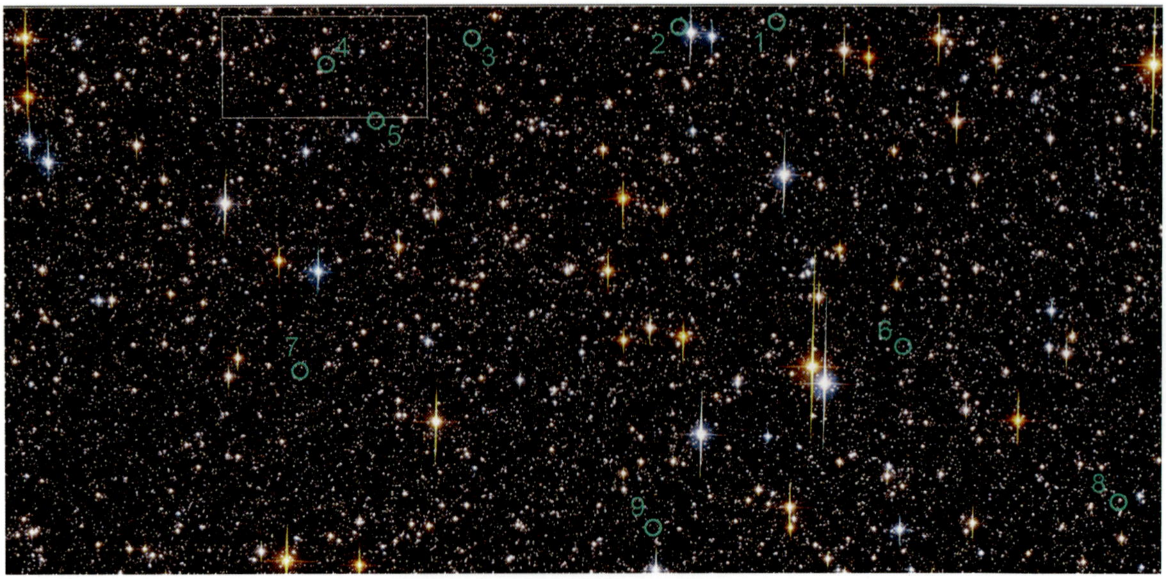

此图像是哈勃空间望远镜在执行“人马天窗凌星系外行星搜索”（SWEEPS）任务中拍摄的照片，星场包含15万颗恒星，这也是我们银河系的中心，离我们26000光年。绿色的圆圈出了9颗恒星，它们都拥有固定轨道周期的行星，且这些行星被确认为“热木星”

22%拥有体积类似地球且位于宜居带内的行星。也就是说，每5颗类似太阳的恒星就会拥有1颗宜居的行星。而我们的银河系有2000亿颗恒星，几乎每一颗恒星都拥有自己的行星，其中400亿颗像我们的太阳。参与研究的天文学家杰夫·马西（Geoff Marcy）表示，大概有88亿颗类地行星绕行于类似太阳的恒星，其中最近的行星可能离我们只有13光年。

开普勒空间望远镜毕竟只能寻找行星，不能直接观察和研究行星。因此，科学家对即将于2018年升空的詹姆斯·韦布空间望远镜寄予厚望。詹姆斯·韦布空间望远镜被认为是已经服役了近60年的哈勃空间望远镜的继任者。詹姆斯·韦布空间望远镜的主镜口径6.5米，以它的能力，不仅能让我们探测到更小的行星，还可以通过凌星测量行星的大气。

詹姆斯·韦布空间望远镜将于2018年升空，它的主镜口径达6.5米。它将在地球背向太阳的一侧，环绕太阳运转。它主要负责进行红外波段的观测，可以分析系外行星的大气物质

同时，建造地面超大望远镜的计划也在进行。2014年6月，欧洲极大望远镜在智利开建，预计2024年建成，它将是世界上最大的光学望远镜，反射镜的直径有39米，面积则相当于半个足球场。它的集光能力比现在最强的光学望远镜还要强13倍，提供的影像将比哈勃空间望远镜清晰16倍。

“天文学家将会利用欧洲极大望远镜来寻找更多的太阳

系外行星。在今后几十年中，它都将会是最给力的望远镜。”南欧天文台的天文学家约亨·里斯克（Jochen Liske）在接受采访时说。欧洲极大望远镜将会帮助进一步研究太阳系外行星、宇宙中第一个星系、超大质量黑洞，以及宇宙中暗物质和暗能量。“它可以帮助我们弄清这些行星到底是什么样子。最重要的是，它能够探测到系外行星上的大气，并或多或少地分析出大气成分。为什么这样做很重要？因为我们的终极目标是寻找存在外星生命的第一证据。我们知道地球生命的出现改变了地球大气的成分。通过分析系外行星的大气成分，我们希望发现行星上的生命迹象。”里斯克说，“毫无疑问，证明地球并不是唯一存在生命的行星将是有史以来最重要的科学发现。”

欧洲极大望远镜，主镜直径为 39 米，由 798 个六角形小镜片拼接而成，集光面积达到了 978 平方米，建造完成后将成为世界上最大的光学望远镜

实际上，科学家一直在筛选开普勒太空望远镜捕捉到的数据。2015 年 7 月 23 日，美国国家航空和航天局的一条消息吸引了很多媒体的刷屏，主题就是“我们发现了另一个地球”。准确来讲，这颗星球是一颗最像地球的行星，不仅大小较以往更接近，而且围绕一个类似太阳的恒星旋转、处于宜居带之中，被命名为“Kepler 452b”。与此同时宣布的，还有另外 11 颗候选行星。

地球和“Kepler 452b”的想象图对比。“Kepler 452b”距离地球 1400 光年，直径是地球的 1.6 倍，绕恒星“Kepler 452”一周是 385 天，它距离恒星“Kepler 452”较地球和太阳的距离远 5%。而“Kepler 452”也比较像太阳：温度一样，亮 20%，直径大 10%。因此，“Kepler 452b”也被称为地球“更老、更大的”表亲

Capture the Light
捕捉星光

怎样找到新行星？

“从地球上观测太阳系外行星，就像试图在一个巨大的探照灯周围，观察一只上下扑腾的飞蛾，而且探照灯在纽约，而你却是在洛杉矶（相当于北京到拉萨的距离）！”美国麻省理工学院的萨拉·西格尔（Sara Seager）比喻说。

那是因为行星是不发光的，就算它能反射恒星的光，但是相对于恒星的光度，这点反射光是微乎其微的。在恒星距离我们极其遥远，就算观察恒星都模糊不清的情况下，要观察它身旁的行星就更难了。

而当天空中布满不计其数的探照灯时，该怎样寻找飞蛾？又该怎样辨认出它们是哪类飞蛾？科学家不直接看飞蛾，而是通过观察探照灯——恒星来证明飞蛾的存在。

受牵制的恒星

当行星绕着恒星公转时，引力不但让行星绕着恒星转，同时也让恒星随着行星的公转而摆动；摆动的样子就像一个旋转着的陀螺。陀螺不只在一个点上转，而是在自转的同时，在一个小范围里绕圈子。

行星离恒星越近，恒星摆动的幅度越大。如果我们观察一颗拥有行星轨道的恒星，就会发现虽然我们看不见行

受周边行星影响的恒星，样子就像一个陀螺，在一个小范围里绕圈子。我们把这叫作摆动，通过观察摆动的程度，可以推测周边行星的存在和大小

星，但是我们可以看到恒星的摆动。

左右位置的“摆动”

天文学家搜集几年来有关恒星的照片，然后将它们进行比较，看恒星的位置是否左右移动。这听起来很简单，但是由于恒星太遥远，它们的位置似乎只改变了一点点。比如，我们站在离太阳最近的恒星上观察太阳，尽管太阳周围有9颗行星牵引着，太阳也只摆动了千分之几角秒。

探测如此微小的移动，就好像尝试阅读2000千米外杂志上的文章。1996年6月，美国宾夕法尼亚州匹兹堡阿勒格尼天文台的天文学家乔治·盖特伍德（George Gatewood）称，通过天体测量方法探测到拉朗德21185号恒星周围有两颗木星大小的行星。但是，这一发现一直没有得到证实。现在我们有了更先进的观测设备和数据，这种方法已很少使用。

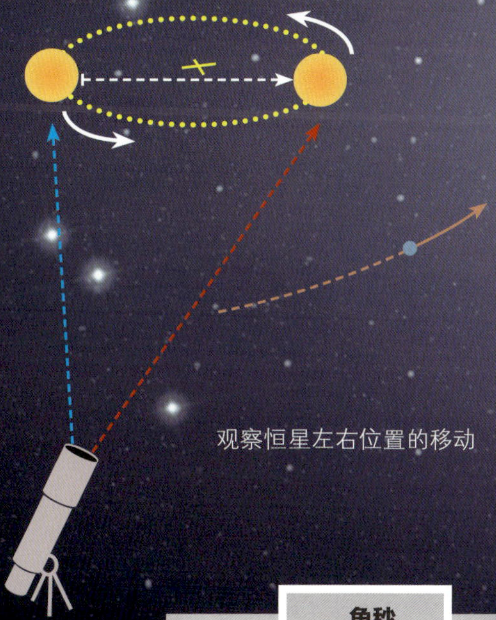

观察恒星左右位置的移动

角秒

角秒，又称弧秒，是描述平面角度的单位。

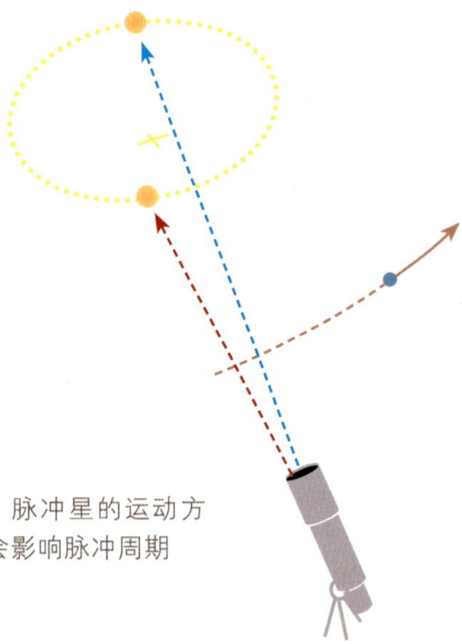

脉冲星的运动方向会影响脉冲周期

脉冲计时——电波上的“摆动”

如果恒星恰好是一颗脉冲星，那就可以利用它的脉冲周期来发现行星。

脉冲星是垂死的中子星，它们能周期性地发射出电波。脉冲的形成是由于脉冲星的高速自转，其原理就像灯塔一样，灯塔每自转一圈，由它窗口射出的灯光就射到我们的船上一次。脉冲星自转一周，它的辐射窗口就对向我们地球一次，我们就接收到一次它辐射的电磁波。

如果没有行星，脉冲星相对不动地在一个定点上自转，它的辐射周期是恒定的；如果有行星围绕脉冲星旋转，它的引力会让脉冲星在一个小范围内做公转。当脉冲星公转时，在地球看来，它的脉冲周期也产生变化。当脉冲星朝靠近地球的方向运动时，脉冲周期变短了；当脉冲星朝远离地球的方向运动时，脉冲周期变长了。

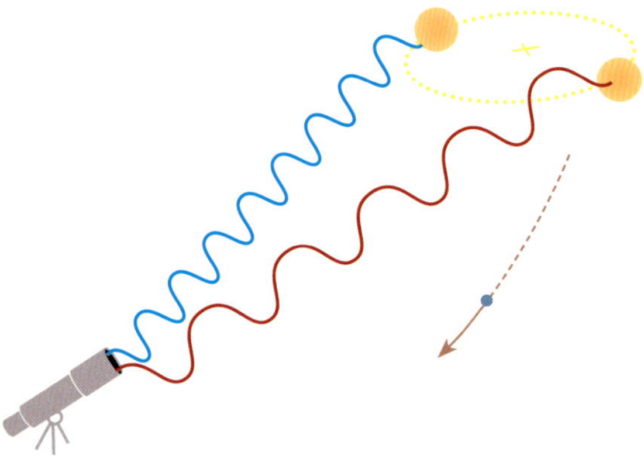

恒星的“远离”或“靠近”的运动会使颜色产生变化

红移——光谱上的“摆动”

摆动是沿着一个小圈转圈子，这里面就有一个向前和向后的移动，而正是这种运动，导致了恒星的颜色变化。

当恒星靠近我们时，恒星光线的波长缩短，或者说发生了蓝移；而当恒星远离我们时，波长加长，也就是发生了红移。这种现象称为“多普勒效应”。

利用这种现象，加上其他测量数据，就可以确定行星的质量以及行星轨道的大小和形状。在2009年开普勒望远镜任务开始前，大多数系外行星都是通过这种方法发现的。

“弯曲”观测

还有两种方法的发生需要天文学家捕捉恰当时机，就是在行星掠过恒星之际。

第一种来自“引力透镜效应”，被称为“微引力透镜技术”。它不是看行星和恒星的相互作用，而是看它们周围的光线弯曲度。根据爱因斯坦的广义相对论，大质量天体可以弯曲空间。当一个天体正好经过地球与它的背景恒星之间时，天体的引力场使恒星的光线发生弯曲，增加了恒星光线的强度。这种透镜效应可以导致恒星突然变亮很多倍。假设这个产生透镜的恒星带有行星，那么这个行星的质量也会对透镜效应做出贡献，通过观察透镜效应的效果变化，就可以判断是否有行星存在。

应用“微引力透镜技术”更容易观测到离 G 星（类似太阳的恒星）1 ~ 10 天文单位远的行星。不过不幸的是，望远镜所看到的类似恒星都十分遥远，即使探测到一颗行星，我们可能也无法获得这个地外世界的具体情况，遥远的距离让任何现存的望远镜都无法继续跟踪。

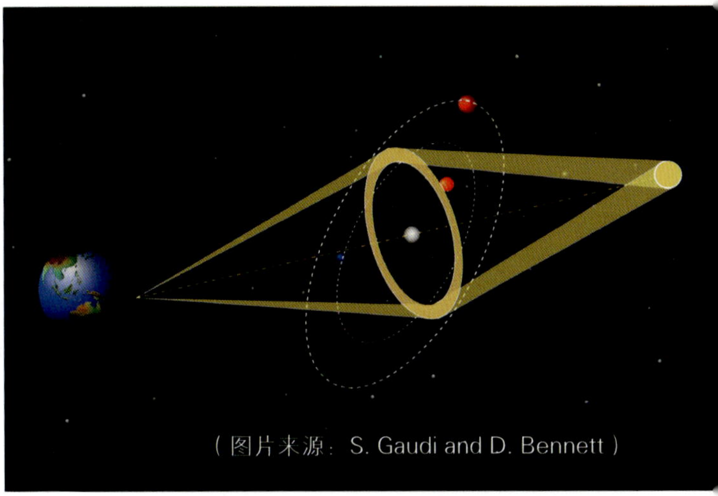

（图片来源：S. Gaudi and D. Bennett）

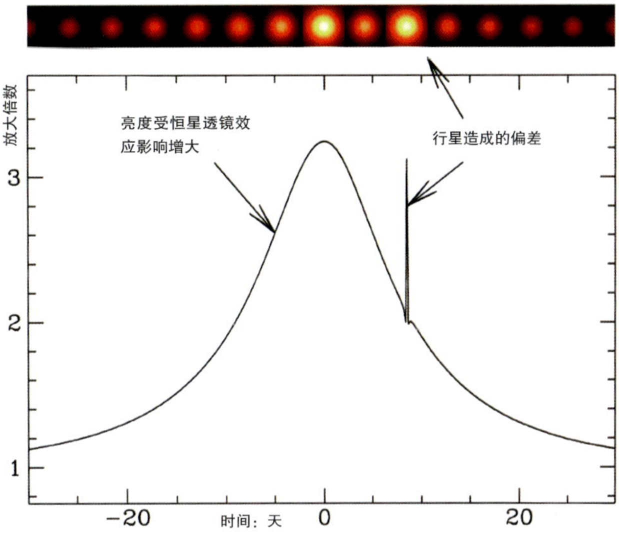

恒星和行星一起使背景恒星的光的亮度产生变化。行星的影响力很小，但也可以观测出来。图右边那个小峰值就是行星的影响，可以看到由于这个影响，上面的恒星亮度也有明显变化

凌日法

凌日法被成功地运用到捕捉太阳系外行星的实验中，

这张图显示的是艺术家所绘开普勒空间望远镜在2010年8月26日观测到的三星同时凌日的景象。开普勒－11是一颗G星，由6颗行星环绕。经常有2颗或2颗以上的行星同时从恒星前掠过

这里的“日”泛指所有恒星。不过，这种方法只有当地球、行星和恒星运转到同一条直线上的时候才能使用。当行星从地球和恒星之间经过的时候，恒星好像是在“眨眼”。（这种现象与我们2012年6月观测到的金星横穿太阳表面时的情景一模一样。）当一颗与木星大小相似的太阳系外行星横穿恒星时，恒星的光线变暗，这就给了我们发现这颗行星的机会。当我们在固定的时间间隔中，看到3次恒星“眨眼”，而且每次持续时间相同，基本就可以排除其他原因，确定是一次“凌日”，同时计算出行星的轨道周期。

你还可以由此知道行星的大小。恒星的变暗可以反映恒星和行星之间体积比的变化。

这样再加上光谱分析，你还能知道行星的质量，于是就可以计算出行星的密度，进而有可能分析它的组成。

带给我们探测太阳系外行星最大收获的开普勒空间望远镜使用的就是凌日法。这种方法速度快，可以寻找小直径的行星。不过导致恒星亮度变化的原因很多，所以，我们收获的只是候选名单，还需要通过光谱分析等方法进行筛选和求证。

第3章

寻找太空生命

我认为，总体而言，许多星球上的生命都将由与我们这里相同的原子所组成，甚至基本的分子、如蛋白质和核酸也可能相同，只是组合的方式不同而已。漂浮在稠密的星际大气中的生物，其原子组成也许与我们极其相似，差别只在于它们可能没有骨骼，因而不需要那么多钙。

——卡尔·萨根

艺术家描绘的木卫二，表面上都是冰，冰层下面充满了液态水，冰层中有湖，湖距离表面约 3 千米。（图片来源：美国德克萨斯大学）

Water, Element Critical for Life
预示生命的水

生物体内无时无刻不在进行着化学反应，例如合成蛋白质，或是分解糖类释放能量，这些反应对于生命活动都是至关重要的。而这就要有一种液态的物质，作为溶剂来帮助进行化学反应进行，并把化学物质传递到生物体的各个部位。

那么，如果我们化身为“造物主”，打算从无到有制造生命，应该选择哪种液态物质呢？首先，让我们看看有什么原料可用。太阳系中的元素最常见的依次为氢、氦、氧、氖、氮、碳、硅、镁、铁、硫。我们知道氦和氖是惰性气体，在化学性质方面很不活跃，很难形成化合物，所以，不能作为溶剂的材料。在剩下的元素中，可以形成的液态物质及它们保持液态的温度范围是：

组成水的氢和氧都是太阳系中最常见的元素

◆水 (H_2O)：0℃至 100℃

◆氨 (NH_3)：−78℃至 −33℃

◆硫化氢 (H_2S)：−86℃至 −60℃

◆甲烷 (CH_4)：−183℃至 −161℃

◆乙烷 (C_2H_6)：−183℃至 − 89℃

在这些液态的溶剂中，水的液态温度范围最大，温度最高。因为温度范围最大，所以，水能在更宽的温度环境里形成液态，也就是说存在液态水的可能性更大；因为温度高，会有更多的能量提供生物化学反应，生物化学反应更活跃。由此可见，水是我们最佳的选择，而现实中也正是如此，地球上的生命都是离不开水的。

当然，科学家并不认为生命绝对要以水为溶剂。比如，在土星的卫星“泰坦”上存在大量的液态甲烷、乙烷，科学家根据甲烷、乙烷的化学特性做了大量的研究，推测以甲烷、乙烷为液态溶剂的生命会有怎样的形态和特性。

甲烷等毕竟只是科学家理论上的推测，按我们现在的认识，水是生命活动的最佳溶剂。物质溶在水中，成为分

水为化学反应提供了理想的环境

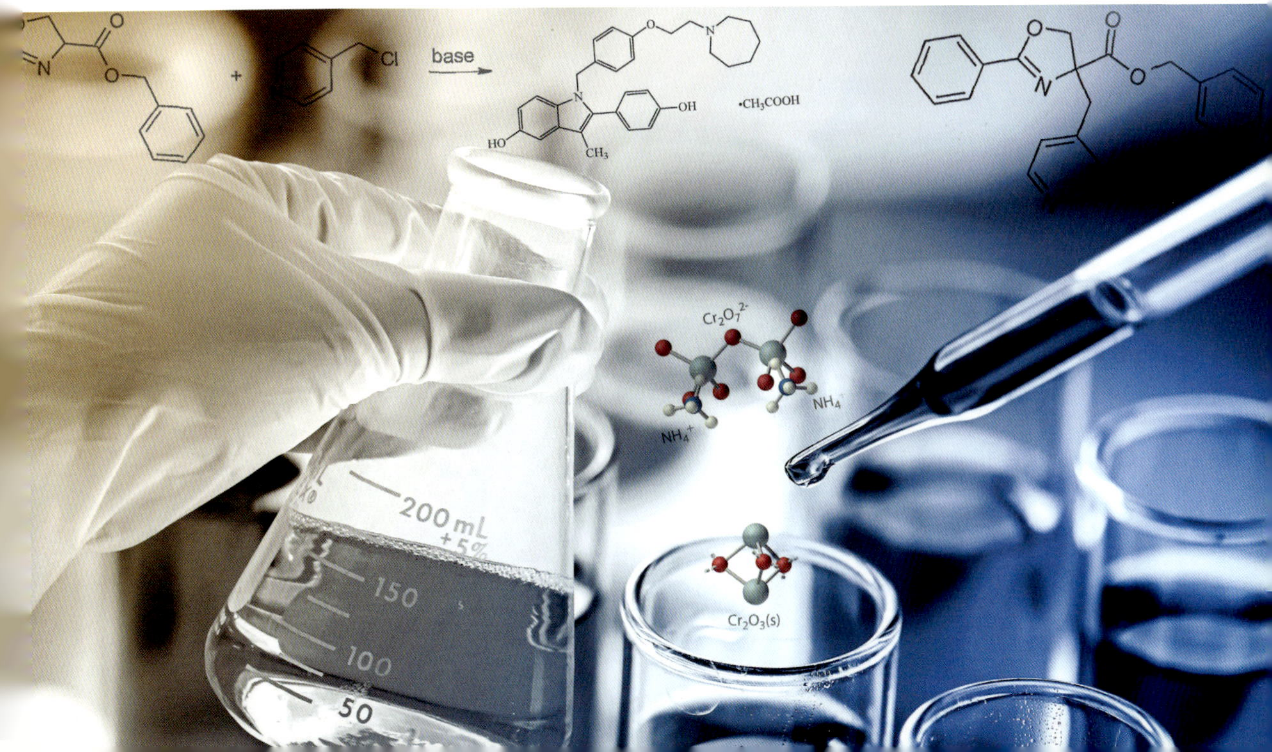

子或离子，有了充分混合的机会，令化学反应易于进行。

而且，水本身往往也要参与到重要的生化反应中。例如，在光合作用中水是一种原料，植物利用光能和叶绿素，将二氧化碳和水转化成有机物和氧气。种子在萌发时，贮藏于胚乳中的养料需要通过水来水解。动物消化食物时，也需要水来水解。

水不但为生命提供了化学反应的环境，也承担了生命活动的“物流”。在动物体内，遍布全身的血管如同运河一样，通过主要成分是水的血液把营养物质和氧送到各个器官。我们再来看植物，植物根部只能吸收溶于水中的无机盐，若没有水作为溶剂，植物便不能从土壤中吸取养料。

在地球生命诞生初期，水还会起到保护的作用。在早期的地球上，因为大气中没有氧气，也没有臭氧层，紫外线可以直达地面，所以，陆地上并没有生命存在。但是靠海水的保护，生物首先在海洋里诞生。大约在38亿年前，在海洋里产生了有机物，先有了低等的单细胞生物。在6亿年前的新元古代，有了可利用阳光进行光合作用的蓝细菌，开始不断释放氧气。氧气慢慢积累形成了臭氧层。此时，生物才开始登上陆地，蓬勃的生机才在地球上蔓延开来。

水是光合作用的重要原料

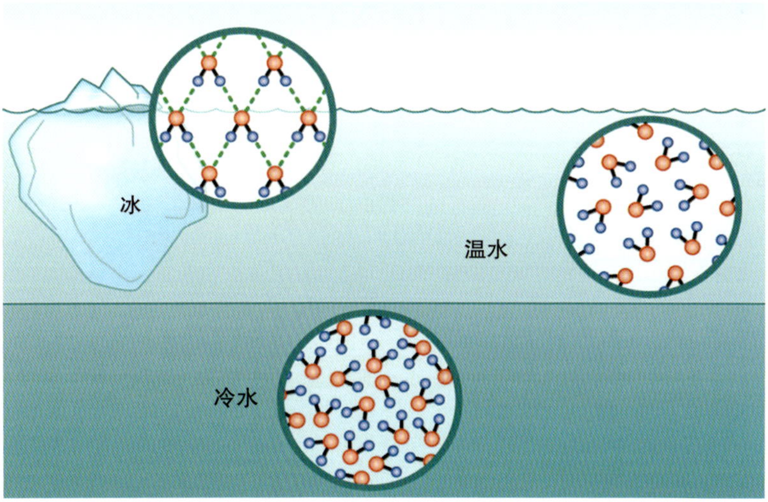

水结成冰密度反而会下降，这种性质对生命也是有利的

水有些特殊的性质使它更适合支持生命。其他所有的液体凝结成固体时，密度都会增加，体积会缩小，这是"热胀冷缩"。但是，非常奇怪的是，水结成冰时，却是体积增大而密度降低。大家不要小看水的这种"异象"。如果没有这种现象，地球上可能就没有生命的存在。假设水结成冰时密度增大，接下去会发生什么呢？冰会沉到河底，这样，很快地整条河会被凝冻，水里的生物会被冻死。而现在因为冰能浮于水面，天气严寒时，冰先在水面结成。这一层冰会阻隔冷空气和下层的河水之间的热交换，使得下层的河水免于冻结，而生于水中的生物在冰层下较暖和的水中可免于被冻死。

直到现在，我们还没有足够的证据可以证明，如果没有水，生命是否能够存在。但是可以确定的是，地球上的生命是绝对离不开水的。所以，当天文学家们寻找地球以外的生命足迹时，首先要找的就是液态水。派往火星的探测器在寻找液态水的痕迹，而科学家之所以对木卫二等卫星格外关注，也是因为它们厚厚的冰层下可能有液态水存在。行星轨道的宜居带，其实也就是可以让液态水存在的轨道范围。有水的地方，就可能存在生命。

Water in Mars
火星上的水

“好奇号”在火星上的自拍照

2015 年，美国国家航空航天局的科学家们根据观测数据，首次计算了火星上曾含有的水量，得出的结果是比地球北冰洋中的水还要多。科学家称，大概在约 43 亿年前，火星的海洋占据北半球近一半面积，水深超过 1.6 千米。如果把这些水的平均深度压缩到 137 米，则整个火星都能被一片海洋笼罩。

美国宇航局的科学家认为，原始的火星上的海洋有比地球的北冰洋更多的水。但后来有 87% 的水被蒸发到太空中

这也意味着至少在几十亿年前，火星的环境比现在宜居很多。那么火星上的水到底都去哪了呢？科学家怀疑火星的大气层在几十亿年间逐渐变薄，也逐渐失去了让水保持液态的热量和压力。曾经的海洋渐渐干涸浓缩，现在只有 13% 左右的海洋残留物还停留在火星冰帽里。

在太空的天体上，有水就意味着存在生命的可能性。而在太阳系的行星中，火星是和地球最相像的一个，也是人类寻找地外生命的首选地。那么现在的火星呢？还能找到水吗？

“海盗号”拍摄到的现在的火星

有水的地貌

火星两极的冰帽早在 17 世纪中就已经被注意到。威廉·赫歇尔在 18 世纪末证实了冰帽的大小随着季节而扩张或收缩。到了 19 世纪中，天文学家也发现了火星其他与地球类似的特性，包括一个火星日的长度几乎与地球上的一天接近。还有火星的转轴倾角与地球接近，这代表火星也有四季变化，不过因为一个火星年长度几乎是地球年长度的两倍，季节长度也是地球季节长度的两倍。

火星北极冠宽达 1,100 千米，厚达 2 千米，体积 82.1 万立方千米；南极冠宽达 1,400 千米，最厚达 3.7 千米，体积约 1.6 百万立方千米。

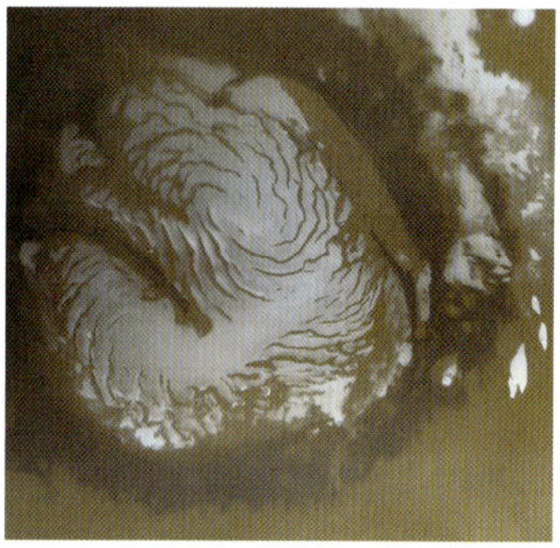

火星北极极冠

火星南北极的极冠曾被认为是由干冰组成，但实际上绝大部分为水冰。“火星快车”号的资料显示，2004 年时火星南极冰帽平均厚度约 3 千米，由水冰和干冰组成，干

火星环形山上流水冲刷出的沟道

冰的组成比例与纬度有关。冰帽是由 85% 的干冰和 15% 的水冰组成。火星冰帽的第二个组成部分则是从火星冰帽下降到附近平原的陡坡，它几乎都是由水冰形成。

科学家在研究地球南极冰层下的沃斯托克湖后认为液态水可能仍存在于火星。研究人员认为如果沃斯托克湖在永冻冰层出现以前就存在，那该湖可能并未冻结。因此火星如果仍有液态水存在，可能以冰下湖的形式存在于冰冠下。

目前已有许多直接和间接证据证明火星表面曾经有液态水存在于表面或地表下；例如河床、极冠、光谱、被侵蚀的撞击坑和针铁矿等矿物都直接显示火星曾经存在液态水。

火星地表遍布着流水的遗迹，有些是洪水刻画而成，有些则是降雨或地下水流动而形成，但多半年代久远。冲蚀沟（gullies）则是另一类规模较小的地形，但形成年代十分年轻，常分布于撞击坑壁，形态多样。关于成因有两派说法，一派认为是由流动的水造成，另一方则认为是凹处累积的干冰促使了松软物质的滑动。

火星（左）和地球（右）上的岩石对比，可见它们都是由水底的沉积物构成的，其中嵌着在水流中形成的卵石

在火星上打井

1965 年以后有超过 40 架宇宙探索船先后对火星进行过探测。2 人轨道探测器，例如火星“奥德赛”和“环火星巡逻者”拍摄的火星地貌照片上，可以找到远古的河流留下的河道，还有近期（1 亿年内，地质学意义上的近期）环形山的山坡上水流冲刷出的沟渠。登陆火星的“机遇号”和“勇气号”，发现了许多只有在水中才能形成的矿物，例如针铁矿。还有数个降落到火星表面的探测器的发现都已经明确无误地表明：火星上曾有液态水存在。

火星上的路可不好走，“好奇号”坚硬的金属车轮也被硌出了许多坑洼，所以科学家要选择更容易走的路线

2011 年，作为美国国家航空和航天局“火星科学实验室”任务的一部分，携带着多种先进装备的火星探测器“好奇号”被送离地球。2012 年 8 月 6 日，“好奇号”成功使用直升机型空中吊臂技术降落至火星上的盖尔环形山。

“好奇号”取得的岩石粉末样本

这个背负着一个迷你实验室的小机器人正在帮人类干活挖土，更确切地说，是在火星上进行土壤分析和岩石钻探，帮助人类了解那个古老的曾经适宜孕育生命的火星。从某种角度上说，“好奇号”是在火星上挖水井。

此外，科学家还希望从“好奇号”的迷你实验室传回的分析结果中进一步获得火星古老的地质记录，并捕捉生物可能存在的痕迹。

“好奇号”2013 年 2 月 8 日在火星岩石上挖掘的 6.35 厘米深的洞

地球时间 2013 年 2 月 8 日，在“黄刀湾”火星洼地（据判断，这里是古代河流系统的终点或者间歇性的湖床），“好奇号”瞄准一块扁平且有细密纹理的火星沉积岩“约翰·克莱因”（以已故的“火星科学实验室”项目副主任的名字命名），抬起 2 米长、30 千克重的机械臂向下探去，机械臂顶部的钻孔机伸出，钻头对准岩石表面，开始向下钻探，不到 20 秒，一个深 6.35 厘米、直径为 1.52 厘米的具有历史意义的小洞就形成了。然后，“好奇号”将从岩石取得的粉末样本倒入机械臂下方的一个开放式铲斗中。

首次钻探样本分析结果显示，盖尔环形山在古代曾具备适合微生物生存的地理和化学环境：主要的元素成分、能量和既不太酸也不太咸的积水。样本中侦测到水、二氧化碳、氧气、二氧化硫和硫化氢，还有氯甲烷和二氯甲烷以及黏土类矿物。这些黏土类矿物是淡水与火成岩矿物发生反应而生成的。

科学家还惊讶地发现了混合物中包括氧化的、半氧化的甚至完全未氧化的化学物质，这些化学物质形成了类似地球上许多微生物赖以生存的能量梯度。

关键的物质——盐

自 2012 年“好奇号”登陆火星表面以来，它就一直在对火星赤道以南的“盖尔”陨石坑进行探测。“好奇号”取样区域的地形表明，整个“盖尔”陨石坑可能曾经是一个大湖，因为“好奇号”已经发现了明显的沉积矿床。它的周围还有圆形鹅卵石，这表明火星上曾经有深度约为 1 米的液态水。

2015 年 4 月，“好奇号”从火星传来了令人兴奋的消息。它在火星土壤中发现了一种名为高氯酸钙（calcium perchorate）的化学物质，这是一种钙盐。

就像是撒盐化冰的原理一样，这种盐能降低水的凝固点，令其以液态形式存在，即便是在火星冰封的表面。火星表面温度变幻无常，极地温度可低至零下 125 摄氏度，而中午时的赤道表面温度最高可达 20 摄氏度。

这种盐还会吸收大气中存在的水分，并渗入到火星表面。地球上的所有生命形式都需要水才能存活，因此，火星表面发现液态水的可能性，也使科学家在这个红色星球上发现某种原始生命形式的概率增大。科学家最近也在地球上发现一些生命，即使在没有氧气的环境下，也能完全依靠盐水存活。

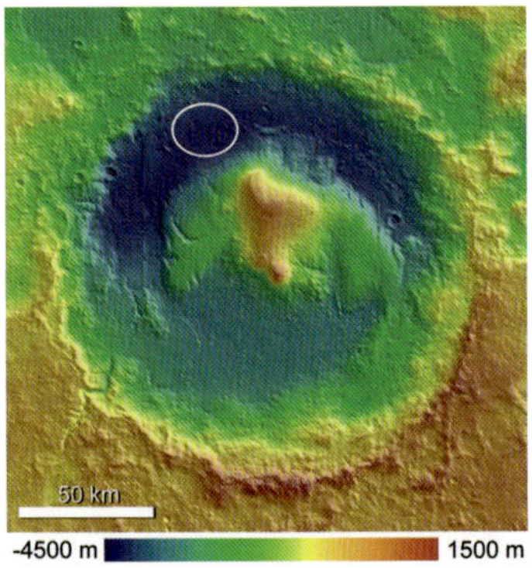

“盖尔”陨石坑（颜色表示地面高度），图注白圈处是“好奇号”登陆地点

发现仍在流淌的水

种种证据都在证明，火星上有冰，而且很久以前存在液态水，那么现在呢？这个问题终于有了答案。2015 年 9 月，美国国家航空航天局宣布，科学家发现了新证据，证明现在的火星上仍有液态水间歇性流淌。

在火星的山坡上有一些神秘的条纹，它们宽约 0.5 ~ 5 米，长度各异，在温暖的季节，暗条变深，从陡峭的坡上流下，在寒冷的季节，它们逐渐消褪。2010 年时，这些细长暗条就引起研究者的注意，被称为“季节性斜坡纹线”（RSL）。研究者推测，反复出现的暗纹很可能跟液态水有关系，它们在较高温度时出现，是火星地表的含盐的水溶液流动形成的。

终于，研究者通过对比光谱数据，在达到最大宽度的暗纹里发现了含结晶水的盐。分析显示，这些含结晶水的盐包括高氯酸镁、氯酸盐和高氯酸钠等矿物质，即高氯酸盐。含有这些化合物的溶液具有较低的凝固点，在－70℃仍可以流动。之前探测曾发现，火星表面普遍存在这类易溶于水的盐类，暗条区域的矿物很可能是这些盐溶于水后再沉淀富集而成。也就是说，我们一直寻找的水，参与了暗条的形成。接下来，科学家需要回答，含高氯酸盐的水溶液的来源和去向的问题。

科学家曾称，在火星上寻找生命的任务主要是追寻水的踪迹，那么这些发现最终会引领我们走向什么答案呢？欧洲航天局将会于 2019 年发射一台 300 千克重的“ExoMars”探测器到火星表面。这台探测器将配备 2 米长的钻头，可以探测生命的生物标记。人类正慢慢逼近“火星生命”这一目标。

“好奇号”在钻探

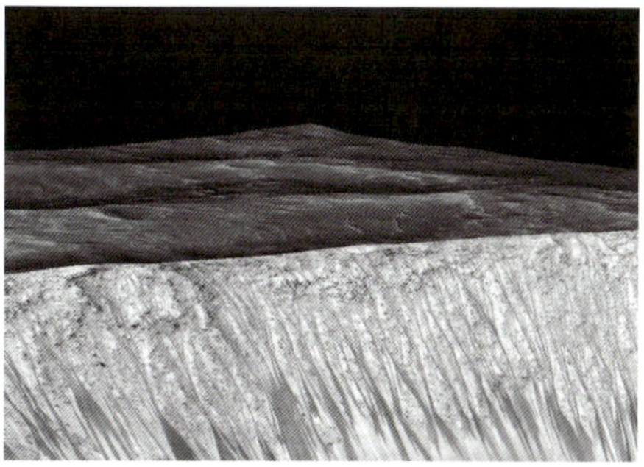

在加尼（Garni）陨石坑发现的暗纹

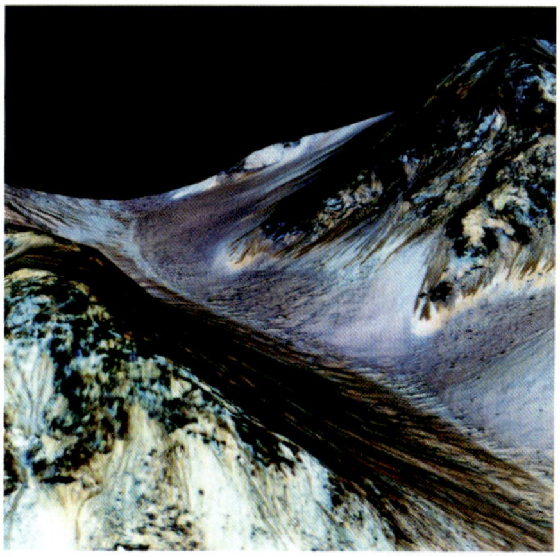

引领科学家找到火星上的水的关键证据——斜坡上的暗条，此处位置在哈尔（Hale）陨石坑。由“火星勘测轨道飞行器”携带的高分辨率成像科学设备（HiRISE）拍摄后上色

Life Possibility on Moons

卫星上可能有生命

电影《阿凡达》中的“潘多拉”（Pandora）就是一颗生机勃勃的卫星

在太阳系中，人类搜索地外生命的首选目标一直是火星。在太阳系外，天文学家也一直在寻找处于宜居带的行星。的确，依据我们的经验，行星才是孕育生命的摇篮。但考虑一下生命存在需要的条件，你就会意识到卫星这种围绕行星本身运转的天体，同样有机会承载生命。

如果让地球和木卫二上全部的水都聚集成一个球，其比例如图所示。可见木卫二上的水比地球上的还要多

如果你看过电影《阿凡达》的话，可能对外星世界“潘多拉”的天空中悬着的巨大“月亮”还有印象。实际上居住着种类繁多的生物的“潘多拉”本身才是一个“月亮”，也就是卫星，而那个遮住了半个天空的巨大天体则是“潘多拉”环绕运转的气态巨行星。电影虽然是虚构的，但这样有生命居住的卫星是完全可能存在的。在现实中，太阳系的木星和土星也拥有几个大块头的卫星，可能孕育生命的希望之地也许就在这些卫星中。

水的星球

我们知道，寻找生命重在寻找液态水。生机勃勃的地球表面有 71% 覆盖着由液态水组成的汪洋大海。而在太阳系中，还有个星球表面也覆盖着海洋，它就是木星的卫星——木卫

沟壑纵横的木卫二，这种地貌可能就是因为冰层下的水涌出而形成的（图片来源：美国国家航空和航天局喷气推进实验室）

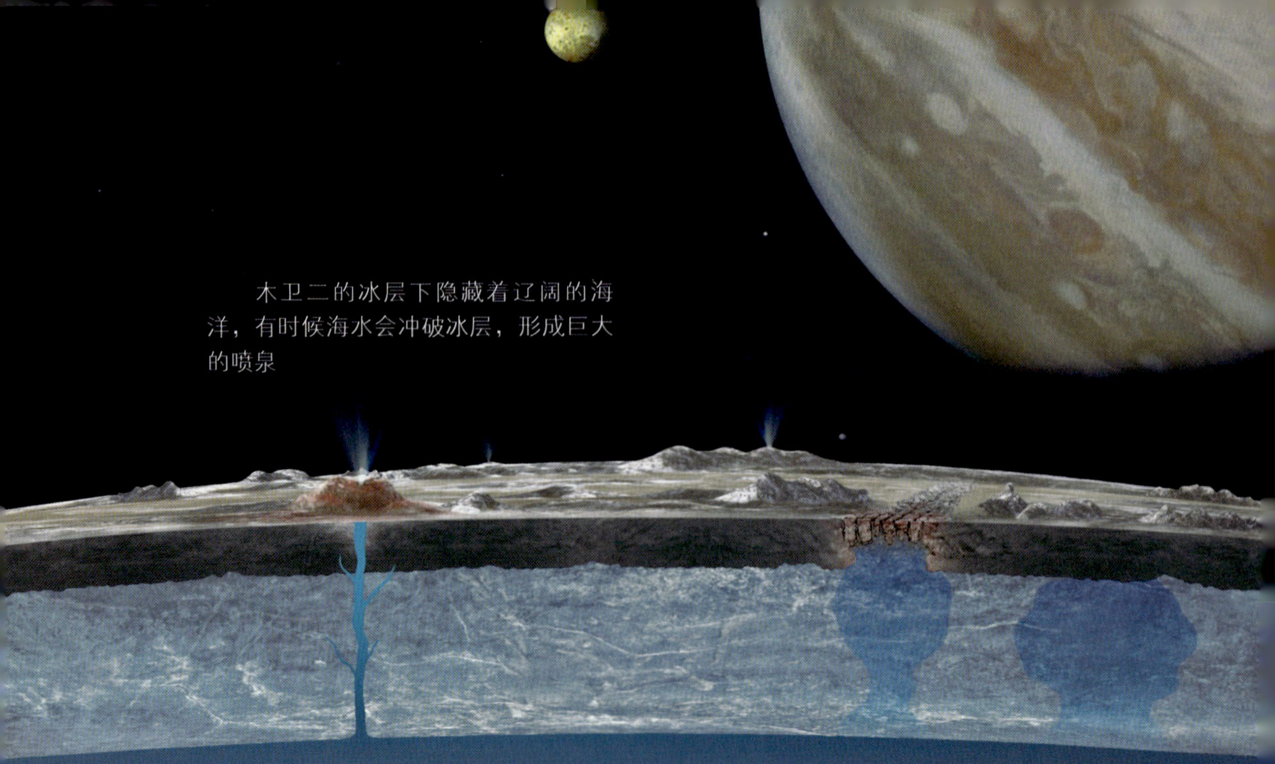

木卫二的冰层下隐藏着辽阔的海洋，有时候海水会冲破冰层，形成巨大的喷泉

二“欧罗巴”（Europa）。

木卫二是木星第四大卫星，个头比月球稍小一点。科学家很早就知道木卫二的表面上都是冰。而美国国家航空和航天局的“伽利略”号探测器拍摄的照片显示，木卫二的冰面上分布着各式各样的条纹，这很可能是冰面下的液态水涌出而形成的。而且，“伽利略”号还发现木卫二有微弱的磁场，这意味着它的内部有导电的液体，当然也就是水了。这些迹象表明，木卫二的冰层下面充满了液态水。现在根据各种观测数据，科学家可以推测出木卫二表面冰层的厚度为 15 ~ 25 千米，而在冰层下面是覆盖整个星球的海洋，海水的深度可达 60 ~ 150 千米。这样算起来，木卫二上的水甚至比地球上的还要多，这些溶解了丰富矿物质的海水完全可能孕育生命！

潮汐力

物体在天体的引力场中，由于沿着引力方向的两端所受的引力大小不同，而承受着向两端拉扯的力量。

远离太阳的木卫二获得的光和热非常有限，但还能保持液态海洋的原因在于它从其他途径获得了热。木星的卫星数量众多，卫星之间的相互作用让木卫二的轨道偏离圆形成为椭圆。而在椭圆的轨道上的不同位置，木卫二受到的木星潮汐力是不同的。潮汐力忽强忽弱，揉搓着木卫二，就好像揉着一个面团（只是没有面团那么软）。由此木卫二自身的岩石互相摩擦，加热了木卫二的内部。木卫二的海洋很可能是越到深处温度越高。

黑暗的海洋中存在着生命，这对于地球人来说其实并不陌生。虽然多数地球生物的食物来源归根结底都是植物的光合作用，因而大家都离不开阳光，但在海底火山的热液喷口周围也生活着大量的生物。在这里，生物圈的基础是从热液中的硫化物中获取能量来制造食物的古细菌。如果木卫二上真的存在生物，其生存方式可能就与地球上深海热液喷口附近的生物类似。

另类的候选地点

另一个吸引科学家注意力的地方是土星最大的卫星——土卫六"泰坦"(Titan)，它在整个太阳系的卫星中个头能排上第二，甚至比水星还要大一些。土卫六的独特之处在于它是太阳系中唯一拥有真正大气的卫星。它的大气相当浓厚，星球表面的气压甚至比地球大气压还要高。那里大气的主要成分是氮气，另外还有少量的甲烷。

美国国家航空和航天局的"卡西尼"（Cassini）号探测器到访了土卫六，并投下了"惠更斯"（Huygens）号探测器。"惠更斯"号在下落过程中拍摄了许多照片，而且分析了周围的大气化学成分。科学家发现，土卫六的大气使得它拥有类似地球的天气现象——云层、闪电，甚至降雨。只是它的云层是由甲烷和其他有机物组成的，降下的雨也是甲烷雨。在土卫六覆盖着厚厚冰层的表面，有液态乙烷和甲烷的湖泊与河流，这些河流塑造出了丰富多彩的地形。

作为生命存在之地的候选者，土卫六的优势在于那里有种类丰富的有机分子，比如氰化物之类，这跟地球生命诞生前的大气和海洋中的有机物成分很接近。有实验证

"卡西尼"（Cassini）号探测器

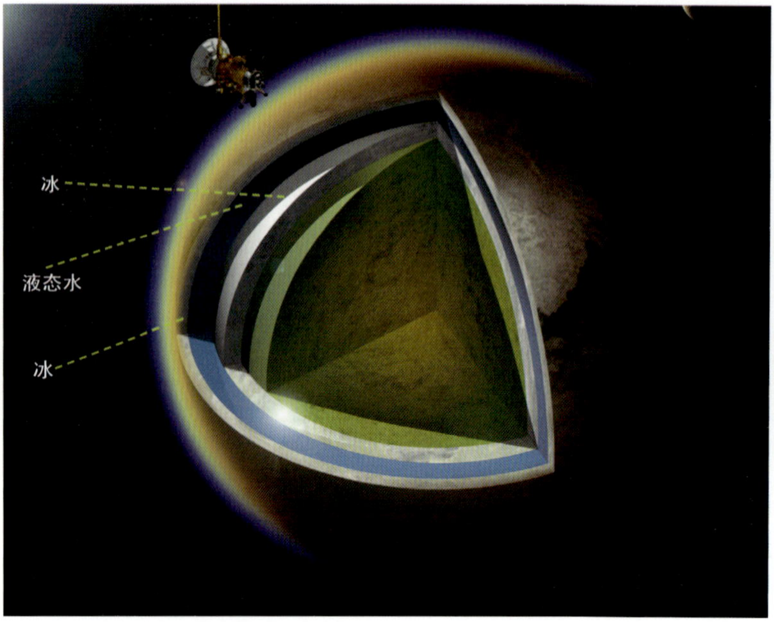

土卫六的内部结构，表面的冰层下是液态水组成的海洋，海洋深处水在高压下凝固成了冰，形成了另外一个冰层

明，这些分子在闪电等条件下可以组合成生命的基础——氨基酸。土卫六的不利之处也很明显，那里非常冷，表面温度大概只有 –179℃。不过根据“卡西尼”号的观测，科学家推断土卫六也有潮汐加热现象，因此在冰层下面很可能也存在着能够孕育生命的地下海洋。

即使土卫六现在没有生命，在遥远的未来，随着太阳年龄增大，发光不断增强的时候，生命也可能会出现在那里。接收到了更多的光和热之后，土卫六的冰层可能融化，从而出现一个富含有机物的海洋。然后，在地球上曾经经历过的生命诞生过程就可能在那里重演了。

先去哪颗卫星

虽然科学家对木卫二和土卫六都感兴趣，希望能把探测器送往那里，但遗憾的是，经费有限，这两个地方只能去一处。科学家拿出了各自的方案，最终木卫二战胜了土卫六。美国国家航空航天局目前的计划是发射“木卫二快船”（Europa Clipper），这个项目是要让探测器多次飞掠木卫二，飞掠时距离卫星表面最远 2700 千米，最近仅 25 千米，从而更加仔细地观测木卫二的表面。

如果“木卫二快船”不能按计划在 2021 年发射，我们也不用太失望。欧洲航天局也有探索木卫二的计划，他们打算在 2022 年发射探测器，在 2030 年抵达木星附近，对木卫二和另一颗覆盖着冰层的卫星木卫三进行探测。

虽然科学家一直在努力，可如果最终我们在火星、木卫二、土卫六或是其他地方都没能找到生命呢？英国天体生物学中心主任查尔斯·科克尔（Charles Cockell）说：“许多人以为天体生物学就是搜寻生命，如果没找到的话，就非常扫兴。但实际上并非如此。如果我们发现宇宙中众多的行星都没有生命存在，地球是唯一孕育生命的地方，那这本身就是非常惊人的发现。虽然这样的发现让人类倍感寂寥，但它的确是惊人的。”

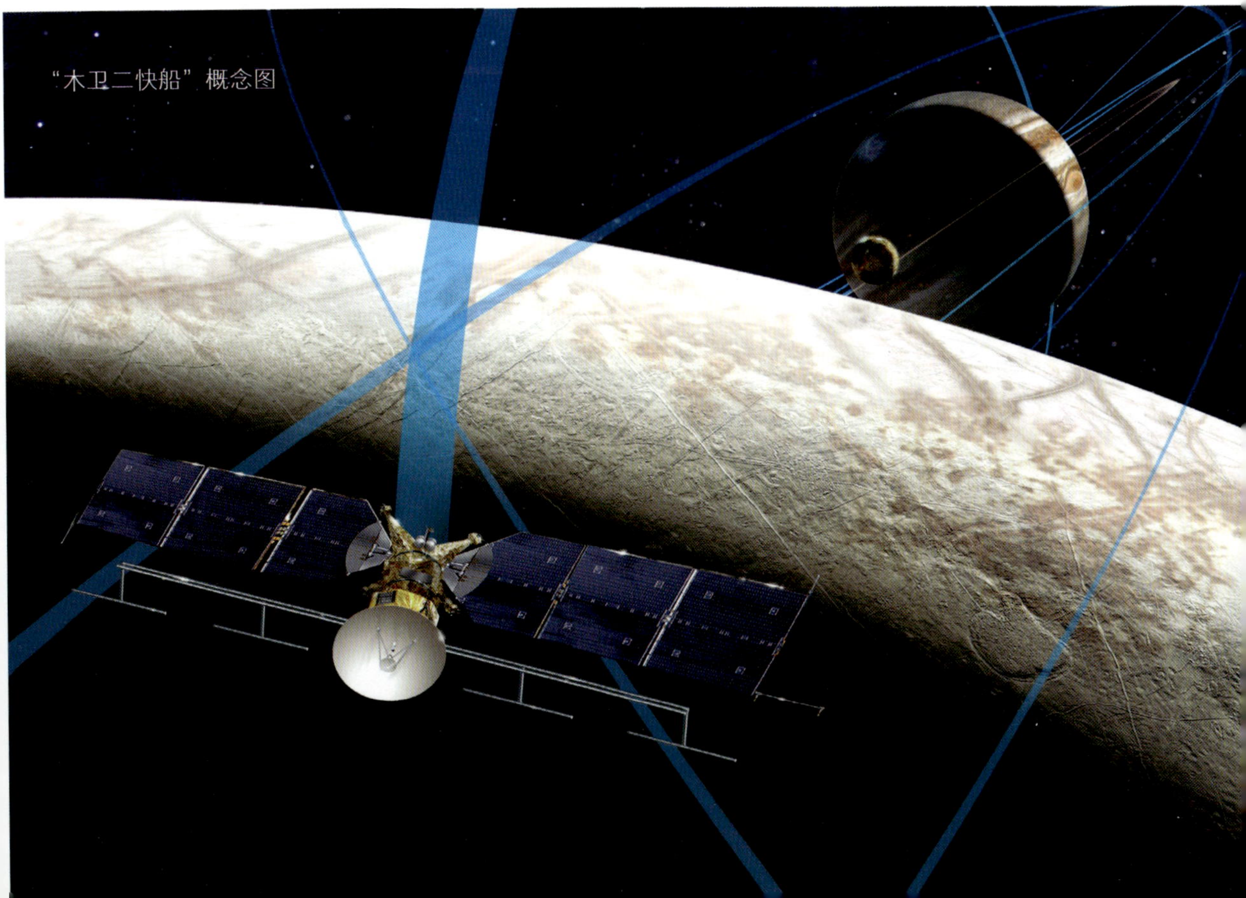

“木卫二快船”概念图

Land on Comet
登陆彗星！

艺术家绘制的“罗塞塔”号和“菲莱”的概念图，图中“菲莱”从“罗塞塔”上分离，向彗星飞去

2014年11月13日，欧洲空间局的“罗塞塔”（Rosetta）号漫长的逐星之旅终于画上了一个还算圆满的句号，它释放的“菲莱”(Philae)着陆器成功地降落在了67P(楚留莫夫—格拉希门克）彗星表面。

“罗塞塔”的旅程开始于10年前，2004年3月它搭乘“阿丽亚娜”5（Ariane 5）型火箭从地球启程，向彗星飞去。

按照计划，“罗塞塔”将会成为第一个长期围绕彗星运转的探测器，并且，“菲莱”着陆器也会是人类首个在彗星表面软着陆的探测器。美国的“深度撞击”（Deep Impact）探测器曾与“坦普尔”彗星（55P/Temple-Turrle）亲密接触，但正如它的名字，探测器是撞向彗星的。

彗星保存了太阳系诞生之初的物质，而且在行星的形

成中发挥了巨大的作用，它们身上隐藏着太阳系形成过程的线索。另外，地球的海洋很可能就是来自彗星。彗星不仅带来了水，还带来了各种复杂的有机分子，这些有机物富含碳、氢、氮、氧等元素，而这些元素也恰好是生命的基本成分蛋白质和 DNA 的成分。科学家猜测，彗星带来的有机物有可能就是地球生命诞生的基石。所以，可以说彗星也“掌握”着生命起源的线索。

“菲莱”成功降落在彗星上，并拍下自己脚下的彗星表面照片

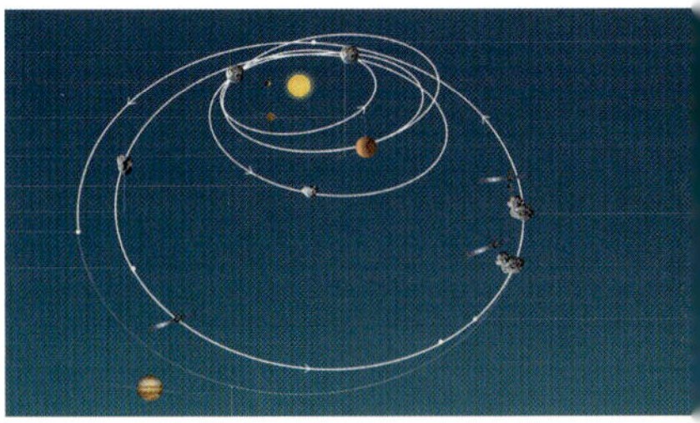

“罗塞塔”号从地球到 67P 彗星的旅程

科学家一直希望可以直接对彗星上的物质进行分析研究，“罗塞塔号”的目的就是满足他们的这个愿望。它的名字来自帮助人们破译了古埃及象形文字的罗塞塔石碑，它让人们寻回了古埃及失落的历史。科学家希望“罗塞塔号”也能帮人类了解太阳系的历史。“罗塞塔号”和“菲莱”上的仪器可以更加准确地分析彗星上都有些什么有机分子，它们甚至有能力探测出氨基酸这样的对生命非常关键的物质。

2014 年 8 月 6 日，“罗塞塔号”终于抵达了 67P 彗星身旁，开始环绕它运转。之后经过了 3 个月的准备，“菲莱”终于向彗星进发了。不幸的是，由于科学家粗心地忘记了在真空环境中进行测试，“菲莱”没能射出用来抓住彗星表面的鱼叉。还好，“菲莱”接触彗星后弹起来又落了回去，最终还是成功降落在了彗星表面。

登陆虽然没有失败，但“菲莱”降落到了一个阳光照射不到的位置，无法用太阳能电池发电。于是，“菲莱”在靠自带的电池完成了预定工作后陷入了沉睡，但如果以后有阳光照射到它，它还是有机会醒来的。而“罗塞塔号”还将继续工作，随着 67P 彗星会因不断接近太阳而变得越来越活跃，它还将给天文学家提供更多的信息。或许科学家依然无法确定地球生命是否来自彗星的播种，但对宇宙中生命起源的认识都一定会更加深入。

Search the Origin of Life on Asteroid

在小行星上寻找生命的证据

来“贝努”（Bennu）的访客并不多。

这并不奇怪。这颗直径500米的小行星的确不是个什么度假胜地。它只是一堆由重力聚在一起的巨砾。这个孤独的小星球以437天的周期绕着太阳旅行，比地球公转花的时间稍长一点。按宇宙的距离尺度来说，“贝努”实际上是我们的邻居，是航天器容易抵达的地方。天文学家把它归类为近地小行星。

和我们太阳系其他闪亮的居民相比，“贝努”看上去颇有些枯燥。它没有土星那壮丽的圆环，也没有海王星那鲜亮的蓝色。但这颗普通的小行星却有着惊人的故事要讲。故事中包括地球诞生前太阳系的模样。

所以，在2019年，我们要去拜访“贝努”。然后，我们会带回一些纪念品，里面可能装有我们的宇宙祖先。

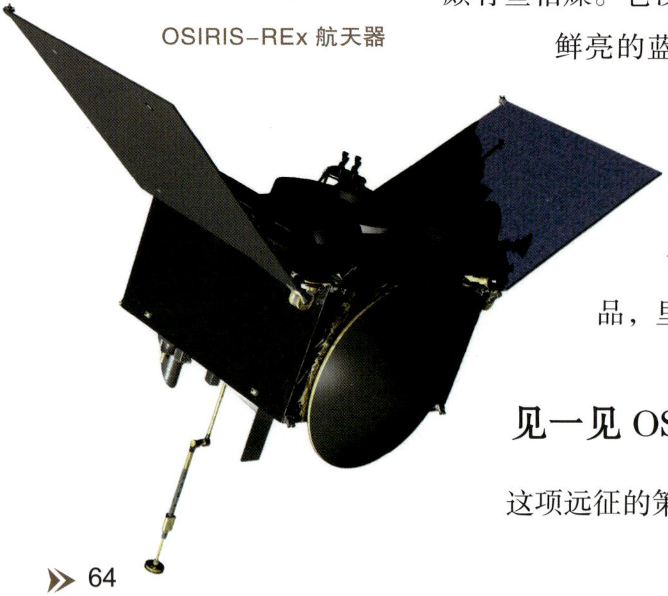

OSIRIS-REx 航天器

见一见 OSIRIS-REx

这项远征的策划者是丹特·罗莱塔（Dante Lauretta），

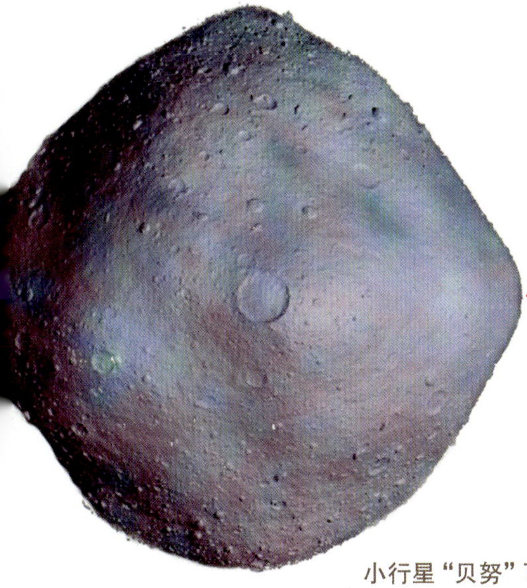

小行星“贝努”可能掌握着地球生命起源的线索

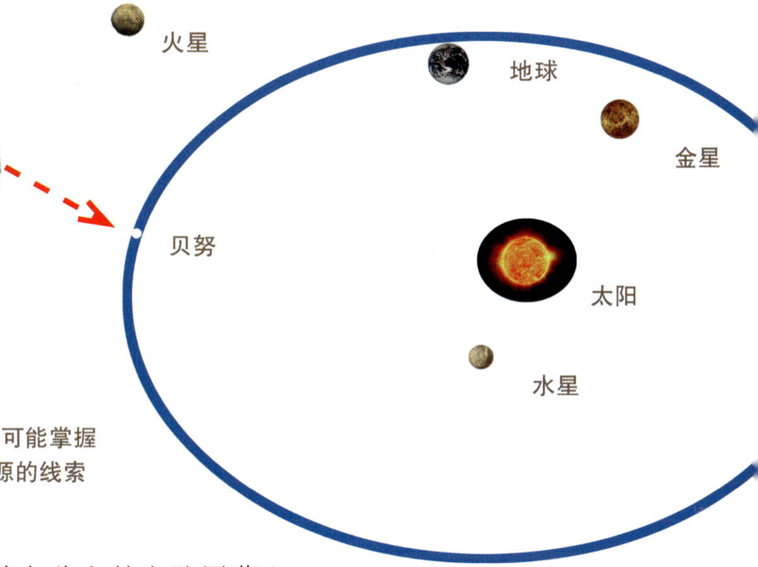

贝努距离地球很近

他是亚利桑那大学的行星学家。在他办公室的电脑屏幕上播放着一艘小型航天器的动画。飞船船身是一个金色的盒子，前端是一个扁扁的白色圆锥体。在金色盒子的底部，伸出来一条有活动关节的瘦长机械臂。太阳能电池板从顶部两侧伸出，整个航天器看起来很像一只单腿的鸟。

航天器的名字叫 OSIRIS-REx。美国国家航空航天局要把这艘无人驾驶的飞行器送往“贝努”采集完样品送回地球。OSIRIS-REx 是这项任务的目标的英文首字母缩写，包括起源（Origins）、光谱分析（Spectral Interpretation）、资源识别（Resource Identification）、安全（Security）和表层土壤探测（Regolith Explorer）。罗莱塔的团队表示，这个名字也是向古埃及司阴府之神奥西里斯致敬。

在 2016 年，“阿特拉斯”5 号火箭将搭载 OSIRIS-REx 从美国佛罗里达州卡纳维拉尔角发射。航天器将用两年的时间到达“贝努”。一旦到了那里，它将用 300 多天来调查小行星，并将数据送回地球。科学家和工程师将使用这些信息构建“贝努”的地图。这些地图将帮助科学家精确定位一个理想的开阔地区，在这里，这个 1.5 吨的航天

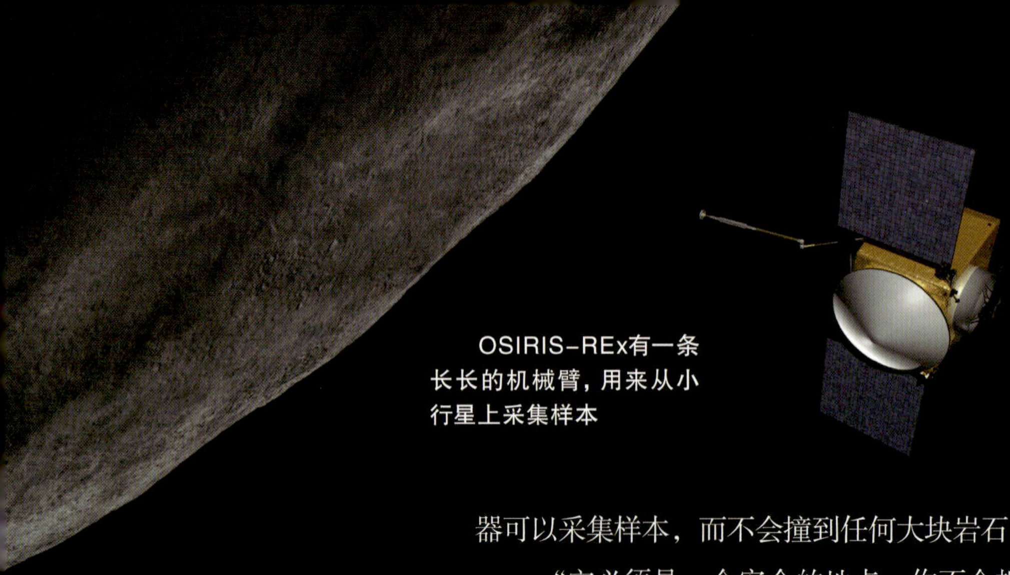

OSIRIS-REx有一条长长的机械臂，用来从小行星上采集样本

器可以采集样本，而不会撞到任何大块岩石。

“它必须是一个安全的地点。你不会想要一块书架大小的巨石。”罗莱塔说，用手指向一个从地面顶到天花板的装满科学书籍的书架，“你肯定不想让飞行器翻车。”

OSIRIS-REx 将以 5 米每秒的速度接近“贝努”。在它的长臂一端是一个名为“TAGSAM”的圆柱形样本容器，英文全名为“the Touch-and-Go Sampler”，即“触碰采样器”。航天器一旦接触“贝努”的表面，一股氮气就会通过 TAGSAM 喷出。气体将扰动风化层，也就是“贝努”表面覆盖的细小的岩石粉末，让它们被吸入样本容器。OSIRIS-REx 会慢慢后退，将 TAGSAM 圆筒放入样本返回舱。

在 2021 年前，罗莱塔的航天器会一直在“贝努”采集数据。然后，它会再花两年的时间携带珍贵的“货物”回家。在 2023 年，当航天器接近地球大气层之际，它会释放样本返回舱。如果一切顺利，返回舱将安全地穿过大气层，降落在美国犹他州测试和训练区内。然后，它就会被送往实验室进行分析。

探测器返回时会释放出样本返回舱

我们从哪里来？

OSIRIS-REx 的任务应该为科学家带回 60 ~ 2000 克的研究材料，很多天体生物学家（研究宇宙生命的科学家）猜想构成地球生命的基础材料是由小行星或彗星带到地球上的。

“根据推测，”本·拉克姆（Ben Rackham）说，“它们自太阳系形成以来没有经过太多的化学进化。”拉克姆在亚利桑那大学研究系外行星（绕着其他恒星旋转的行星）的大气。“我们预计它们保存有早期地球存在的有机化合物的记录。”

我们的太阳系诞生于约46亿年前，那时太阳开始从一团逐渐坍缩的气体尘埃云中形成。就在之后的500万年中，一些剩余的材料凝结在一起，形成了“贝努”的母亲——一颗更大的小行星。而地球是在大约5000万年以后形成的。这意味着，“贝努”比我们的星球还要老。

拉克姆说，地球大约在42亿年前形成了固态的表面，在37亿年前时，它可能遭受了小行星和彗星的频繁撞击。

然后，又过了仅仅2亿年，生命出现了。

“我们有确凿的证据表明，至少在35亿年前，地球上就已经出现了最初的生命。”拉克姆说，在当时，我们的行星看上去和现在截然不同。火山气体创造了充满氮和二氧化碳的会令人窒息的大气。当时还没有臭氧层保护地表免受太阳残酷紫外线的照射。

“但是”，拉克姆说，“那里有水。如果携带着合适有机混合物的小行星或彗星撞击地球，那么就可能给我们的星球带来构成生命所缺少的成分。”

“我们说的是被带到地球表面的种子。”罗莱塔说，“是否能让小行星携带构筑生命的基础材料，然后将它送往地球的表面——进入我们的海洋或者淡水环境，然后用某种方法创造出能够自我复制的生物分子？”目前，这仍然是一个终极问题。

追溯“贝努”的历史

OSIRIS–REx 可能还会揭示出“贝努”的故事中另一块缺失的拼图：“贝努”的母亲是谁?

在过去的某一时刻，在主小行星带中，一颗小行星撞上了另一个天体。大块的岩石碎片四处飞散。引力将其中一些碎片聚在一起，形成了“贝努”。

根据“贝努”的自转、轨道和密度，科学家已经能够对“贝努”来自何方做出比较合理的判断。罗莱塔说，数据同两个小行星族匹配，一个是尤拉利亚（Eulalia），一个是波拉纳（Polana）。这意味着形成“贝努”的碰撞发生在20亿年前。在那时，早期的复杂细胞已经在地球上开始进化。

在实验室里，科学家应该能够确定 OSIRIS–REx 从“贝努”带回的样本的年代。这将帮我们解开这个谜题。对于这项任务将会给科学带来的贡献，罗莱塔看起来感到很兴奋：“第一次，我们能够拼出一颗小行星的完整故事。”

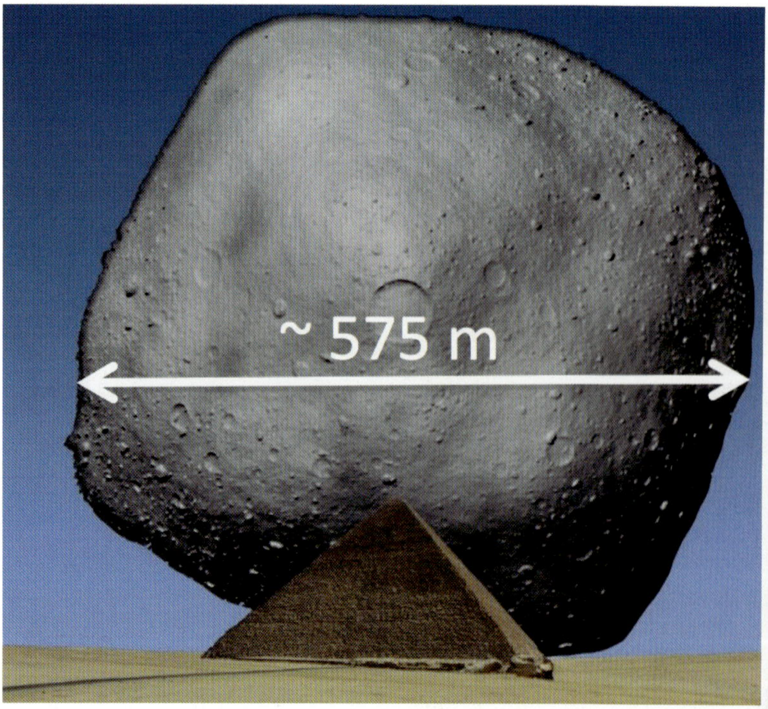

“贝努”（Bennu）实际大小和埃及金字塔的对比

第4章

地外智慧生命

> 存在两种可能：宇宙中我们是唯一的存在，或者不是。两种可能同样令人害怕。
>
> ——亚瑟·C·克拉克

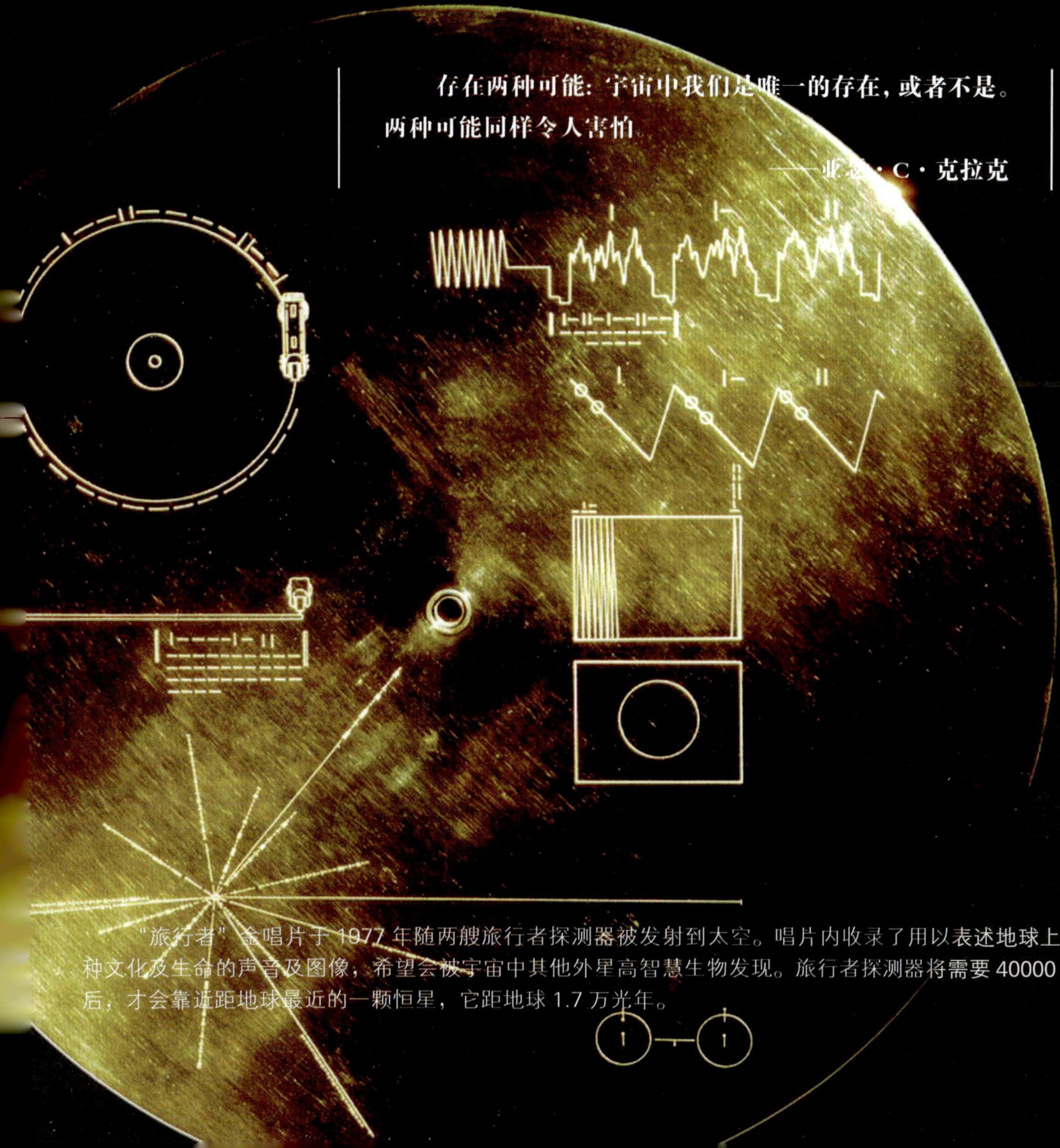

“旅行者”金唱片于 1977 年随两艘旅行者探测器被发射到太空。唱片内收录了用以表述地球上各种文化及生命的声音及图像，希望会被宇宙中其他外星高智慧生物发现。旅行者探测器将需要 40000 年后，才会靠近距地球最近的一颗恒星，它距地球 1.7 万光年。

Why Searching for Aliens？
为什么寻找外星人？

人类对外星生命一直有着浓厚的兴趣。报刊上“不明飞行物体”UFO 的消息，每次都会吸引人的眼球。难道这仅仅是人性中的“八卦”心态？

寻找第二个地球

人类寻找外星生命有一种深层的动机，就是对人类前途的担忧。核威胁和化学污染、全球变暖和沙漠化、大气臭氧层变薄、人口爆炸等日趋严峻的资源环境形势，使我们不得不认真地思考这样的问题：高度发展的技术社会的寿命有多长？除了地球之外，还有没有适合人类生存的家园？人类文明和技术的快速发展会不会导致自我毁灭？如果真是这样，那么外星生命存在的星球，或许是我们可以移居的地方。正如卡尔·萨根的名著《暗淡蓝点》的最后两章写的：“在过了一段短暂的定居生活

后，我们又恢复古代的游牧生活方式。我们遥远的后代们，安全地布列在太阳系或更远的许多世界上……他们将抬头凝视，在他们的天空中竭力寻找那个蓝色的光点……他们会感到惊奇，这个贮藏我们全部潜力的地方曾经是何等容易受伤害，我们的婴儿时代是多么危险……我们要跨越多少条河流，才能找到我们要走的道路？”

这一派，我们可以称为“忧天”派。我们寻找外星生命，实际上寻找的是第二个地球，亿万年以后我们人类的家园。

我们在寻找外星的智慧生物的同时，也在太阳系内部的行星或行星的卫星上寻找生命迹象，哪怕是最原始的生命。火星上曾经有大量的液态水，有过河流和海洋；它的自转轴的倾斜角（25.2 度）和地球的（23.5 度）非常相似，也像地球一样有春夏秋冬四季。火星上过去曾经有过生命可能出现的条件，甚至有人认为地球上的生命来自火星。现在人类对火星的探测中，一个重要目的就是在那里寻找微生物。木星的卫星“木卫二”——“欧罗巴”表面的冰层下面，可能有巨大的液态水的海洋，也是人类探测地球外生命的重要目标。在放弃了将金星和火星进行“地球化”之后，或许“木卫二”是我们下一个做“地球化”研究的星球。

好奇和求知的天性

除了“忧天”派之外，还有一派我们可以称之为“天性”派。古往今来，人类的好奇心和求知欲，是科学得以发展的重要动因之一，探索外星人也不例外。这是人类不断扩展自己的视野，更深入地洞察自然的必然结果和重要组成部分。

地球上的生物虽然数以千万种，形态千差万别，但都是同一个“祖宗”的后代。比如，地球上所有的细胞生物和一些病毒都使用脱氧核糖核酸（DNA）来储存遗传信息，并向下一代传递。所有的生物都使用同样的四种脱氧核苷酸来组成DNA，并且通过碱基配对来形成DNA的双螺旋结构，进行遗传物质的复制。在地球上生命出现的初期，很可能有不同类型的生命形式存在过，但是最后只有竞争力最强、最能适应当时地球环境的生命形式存活下来，其他类型的生命形式都消失了，连痕迹也没有留下。人类只对地球上的生物进行研究，难以得出生命起源、生命基本原理与智力形成机制的结论。只有找到与“地球型生物”不同类型的生物，我们对于生命现象才能有更深刻的理解。在分子生物学的水平上，倘若外星人的生命形式与地球生命迥然不同，那么，就会使人类所知的生命模式从一增加到二或更多，人类对生命的普遍了解便会陡增，从而对人类自身的了解也会大为深化。倘若外星人的基本模式与人类并无二致，这就可能意味着生命的基本模式只有唯一的一种，人们便可以深究生命为何必然如此。

学习外星文明的先进科技

人类寻找外星生命还有一种动机：通过和外星人接触，学习他们的先进技术。能够访问地球的外星生物，所掌握的科学技术一定远远超过人类的水平，地球人就有可能免去数百年甚至更长的摸索过程，实现科学和技术的大飞跃。外星的科技是否发达到能够建造像《极乐空间》里的太空建筑？或者是充分利用恒星能源的“戴森球”？主导这种思想的一派，我们可以称之为“天真”派：外星人不仅善意，而且愿意把技术传给地球人，并且无微不至地保护着地球

人。在经过接触之后，外星人和地球人过上了幸福的生活。这和我们在《独立日》《火星人进攻地球》等电影里看到的、带有强大侵略性的外星人完全不同。哪个是真，哪个是假？我们目前还无从得知。

无论是哪一派，不可否认的是，探索外星人有助于人类更深刻地认识自己在宇宙中的地位。从哲学上看，探讨这一问题的过程，是人类逐步否定自身居于宇宙中心地位的过程。坚持不懈地搜索地外文明将为人类提供一种历史连续感。这种连续感有助于人类赢得更美好的未来。人类应该考虑得更加深远，应该学会更有效、更科学地研究和计划数十年甚至上百年以后的事情，搜寻外星人乃至设法与之“对话”，则很可能成为这类长远计划的一种榜样。

The Language for Communication

我用什么语言联系你?

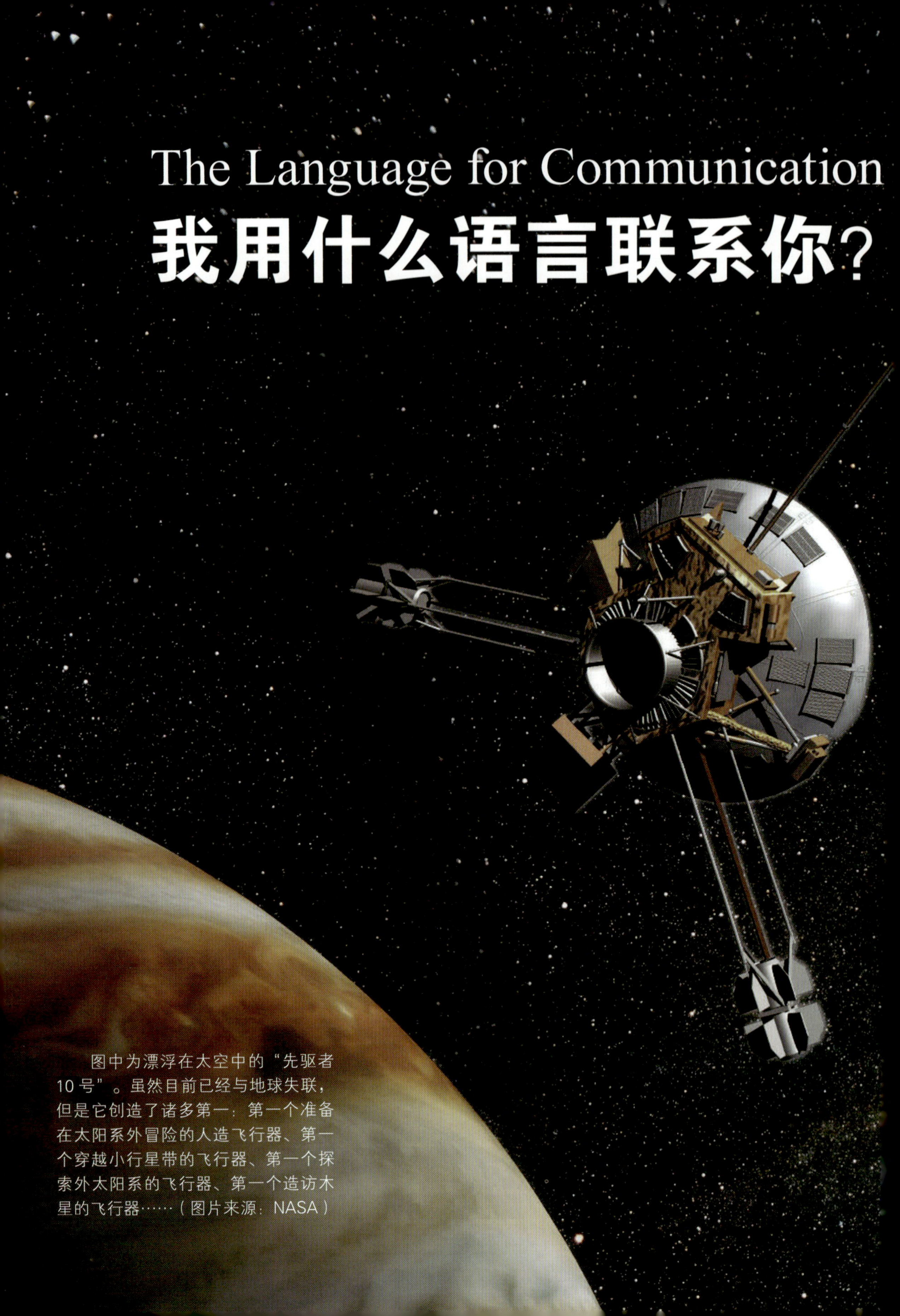

图中为漂浮在太空中的“先驱者10号”。虽然目前已经与地球失联，但是它创造了诸多第一：第一个准备在太阳系外冒险的人造飞行器、第一个穿越小行星带的飞行器、第一个探索外太阳系的飞行器、第一个造访木星的飞行器……（图片来源：NASA）

1961年5月5日，艾伦·谢泼德（Alan Shepard）乘坐“自由7号”飞船进入了太空。此次飞行是美国水星计划的一部分，也是美国人首次踏足太空。经过太空飞行的首次尝试后，研究人员和科学家们开始思考这样的问题：地球之外是否存在其他智慧生物？如果太空中存在一种未知文明，我们该如何与他们交流？他们怎么发送和读取信息？如果给它们发一条信息，你会怎么办？

要发什么样的信息？

文明的差异可能决定了沟通的障碍。外星文明很可能比我们先进，外星文化和我们可能存在较大差异，数学、化学以及天文数据都可能以不同于我们的体系出现，那么，要做到互相理解就很难。

不过，一些初步的沟通可能会留下线索。比如外星人可能会根据我们传递过去的数据，对我们的技术发展水平做出判断。假如他们觉得我们像一年级的小学生，那么就可能发送给我们一些简单的图片、线条和数字。

那么，什么数据既重要又容易理解？如果由你来发信息，你会选择什么样的内容？在白纸上用图画、图片和数字来传达信息吗？或者把你和家人的合影，甚至宠物的照片放上去？你和家人的照片能够显示我们的身体特征：一个头、两只手、两条腿和躯干。挺着大肚子的孕妇照会向外星人展示人类的

致外星人的电报

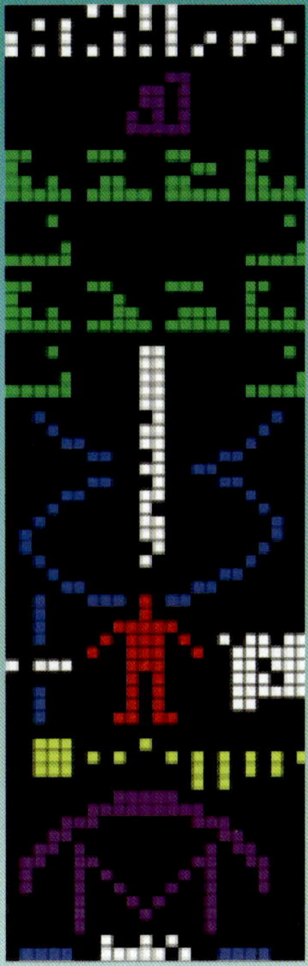

涂上颜色区别不同信息的阿雷西博电报内容

1974年11月，波多黎各SETI研究所的研究人员向距离地球25000光年的梅西耶13号星团发送了一条电报。萨根和德雷克用一串二进制代码编写了这条电报。

外星人可能理解0，1这样的二进制代码。我们发送的二进制代码中的字节排列后可以转为块状图片，比如，在坐标纸上的格子里横向纵向填上“0”和“1”，然后在写“1”的格子里涂上颜色，就是上面的这个图案。

电报里的信息包含：人类的DNA结构，生命组成成分氮、氢、碳、氧、磷的原子数，人类的计数系统，表明外形和身高的人类图像，地球的人口数量，太阳系的图片和阿雷西博射电望远镜的图片。不过，到目前为止，还没有任何反馈，但是那些信息会一直存在太空中，等待着被发现。

宝宝是如何孕育的。太阳系的照片会显示行星的数量以及行星与太阳之间的轨道距离。

不过，太阳系只是银河系的一个小单位，你该如何介绍太阳系在银河系中所处的位置呢？科学家在设计太空信息时，不管是在镀金铝板，还是在金唱片上，都标注着以太阳系为中心的 14 颗脉冲星的发散图形。如果外星人能识别出其中的三颗，利用三角测量法就可以大致算出我们的位置。

我们的数学体系如何解释呢？试试用 1~10 这些数字列一个简单的数学公式，用它来表示我们的十进制规则。

还有，为了显示我们的化学水平，氢原子的构造也是必不可少的。因为氢原子是宇宙中含量最丰富的元素，这意味着外星人也极有可能接触过它，一个氢原子的结构草图可以表明我们对基础化学的理解。

总之，你需要把所有想发送的信息都列得简单，并且要容易理解。

刻图录音发出和平的问候

“旅行者号”无疑是人类走得最远的探路者，它们正在我们太阳系泡的外层边缘，将前往星际空间中探索。

如果你想在黑暗中引起远处人的注意，不断闪烁手电筒可能是一个选择。任何一个与我们类似的外星文明，都有可能发送这样的信号，试图与我们进行交流。

科学界认为需要仔细探测可见光和红外线波段的激光脉冲信号，也就是使用望远镜寻找闪烁的光点和热点。

还有一些科学家试图从无线电活动中找到线索，他们认为这里面可能隐藏着智慧生物的活动信号，这是 SETI 项目的一部分。不过，我们又怎么从无线电语言中分辨出哪些是智慧生物发送的呢？

漂浮在太空中的人类的探测器也肩负着自己的小任

“先驱者”的镀金铝板

“先驱者 10 号”和“先驱者 11 号”上都装着这样的镀金铝板。这还是科学记者埃里克·伯吉斯（Eric Burgess）出的主意。1971 年，伯吉斯同众多科学家和记者在美国国家航空和航天局喷气推进实验室观看“水手 9 号”飞船在火星着陆的画面。而在 1972 年发射的“先驱者 10 号”要对木星进行拍照，1973 年发射的“先驱者 11 号”要探测小行星带和土星，它们最终会飞离太阳系。伯吉斯认为，如果在探测器上安装永久性的铝板，那么探测任务将收获一笔长存的遗产。他把这个设想告诉 SETI 的创始人卡尔·萨根，萨根博士对此非常感兴趣。

不过，我们要送出什么信息呢？

美国国家航空和航天局让科学家花费了三周时间来完成这个计划。最终，由 SETI 两位创始人卡尔·萨根和弗兰克·德雷克设计、由萨根的妻子琳达·萨根（Linda Sagan）绘制的图稿完成了。一块长 22.9 厘米、宽 15.2 厘米的镀金铝板上，刻着一名男性和一名女性的裸体人像、太阳系中的太阳和地球等行星、一张氢原子图、“先驱者号”以及用银河系已知的 14 颗脉冲星标志太阳系的位置。科学家们希望它们能在宇宙空间中永久存在，这些信息将会告诉可能的发现者“先驱者号”来自何方。

直到今天，携带着信息的“先驱者”航天器仍在朝着太阳系外飞行。

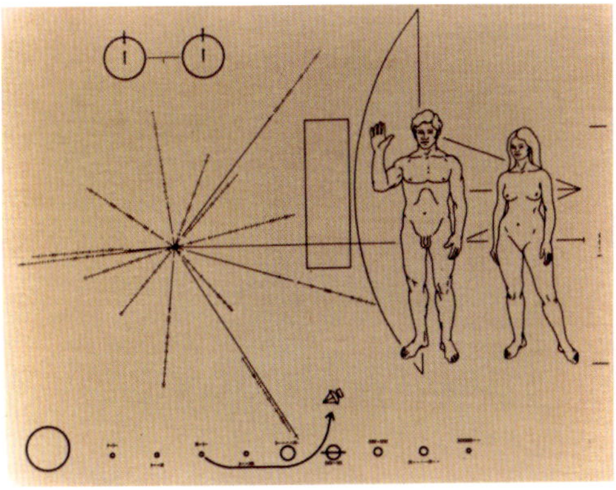

铝板上的信息

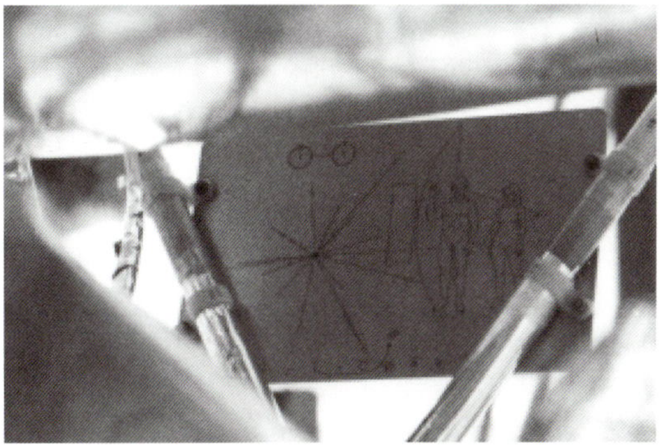

安装着铝板的“先驱者号”

日本超级神冈探测器安装在一个巨大的地下洞穴中，内装有 5 万吨超纯水和数千个非常轻巧的灵敏探测器。它的目标是捕获中微子

中微子几乎不跟任何物质相互作用，这意味着在传输过程中并不需要管道，中微子能毫不费力地以接近光速的速度穿过地球。所以安装在地下的探测器，可以探测在地球另一边抵达地球，穿过地球的中微子（图片来源：东京大学宇宙线研究所神冈宇宙素粒子研究设施）

务。我们在一些金属板上刻上图画，在唱片上录入声音，然后让这些载有我们文明信息的“使者”搭乘探测器一起进入太空。当外星智慧生命偶遇我们的探测器时，他们会获得这些信息。美国国家航空和航天局认为，因为存在这种可能性，我们需要这种尝试，来传达地球人和平的问候。

外星人如何与我们联系？

也许，外星人会像我们一样，发送一个铝板或唱片，或者也用数学模式编写信息，然后通过脉冲激光束发送。为了避免和自然天文现象混淆，他们会重复发送这些信息。想象当外星人的飞船靠近我们的太阳系时，他们用无线电波或激光光束发送一条信息，信息传播的距离最短，时间将最快，我们也更有可能捕获并回复。

另一种可能的交流方式是探测射向地球的中微子。中微子由高能碰撞产生，并且不带电荷，不受质量、尘埃和气体的影响直接穿过行星。我们的太阳每秒都在释放大量穿过各种物体的中微子，外星人可能用智能脉冲发送中微子来跨过巨大的空间距离进行交流。

2012 年，卡内基梅隆大学的丹尼尔·斯坦希尔（Daniel Stancil）教授在费米实验室做了一个实验。他和其他研究人员用二进制代码（用 0 和 1 两个数字表示的数）编码了“中微子”这个词，并以 0.1 比特每秒的比特率将其在岩石中传

比特率

每秒传送的比特数。比特为二进制的一位，是信息的最小单位。

递了 240 米。接收端的信号的误码率仅有 1%，如果这条信息重复发送，很容易在第二次时就会被破解。不过，这条代码的花费不菲，而且数据传输率低、通信距离短，在短期内还不是一种可行的通信手段。

总之，不管外星人会用什么模式发送信息，工程师、程序员、译码员、天文学家以及科学家都要合力起来对信息进行转译。根据信息的复杂程度，转译解码过程可能要持续数周、数月甚至数年。虽然我们还未收到任何确定的信号，但 SETI 已经与 Astropulse 项目展开了合作，后者能将全世界志愿者的个人电脑组织起来，提高运算能力。

也许有一天，你会成为该团队的一名成员，用你的个人电脑来监测宇宙中的脉冲信号。或许在某一刻，你会成为发现银河系中外星生命的成员之一！

金唱片上有摇滚乐

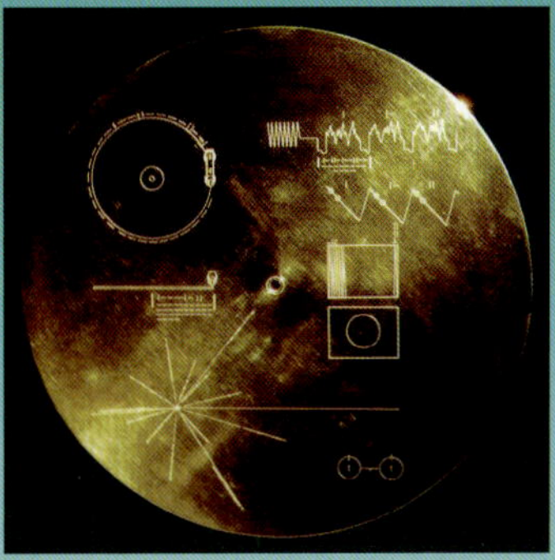

“旅行者 1 号”和“旅行者 2 号”航天器的任务是抵达木星、土星和海王星。在“先驱者 10 号”和“先驱者 11 号”的镀金铝板设计取得成功之后，美国国家航空和航天局决定让“旅行者”携带更加详细的信息完成飞行任务。萨根理所当然是计划执行者的最佳选择。

在信息的选择上，萨根寻求德雷克和专门小组的帮助。他们希望这次携带的信息包括地球简史，能够详述我们的文化、历史以及地球上的生命。为此，他们制作了 12 英寸的镀金唱片，唱片上刻有凹槽，可以像留声机唱片一样播放。

唱片里存有数学公式和化学公式，用以说明我们的基本算术系统以及地球的生物和化学组成。此外，还存放着 115 张图片和大量的声音：海浪、雷、风等自然界的声音，动物，如鲸、昆虫、鸟类等的叫声，还有人类 55 种不同语言的问候语。唱片里还收纳了各种类型的音乐，包括摇滚乐和古典乐。哈哈，你能想象外星人会对我们的摇滚乐有何反应吗？

两个“旅行者”号于 1977 年发射升空，并在 1990 年越过冥王星，前往更远的外太空去进行探索了。如今，“旅行者 1 号”在某种意义上可以说已经冲出太阳系，进入了星际空间。

卡尔·萨根曾说：“只有宇宙中存在已步入太空时代的先进文明，‘旅行者1号’才会被发现，唱片才会被播放出来。”

SETI, You can Help

SETI，你也能帮忙

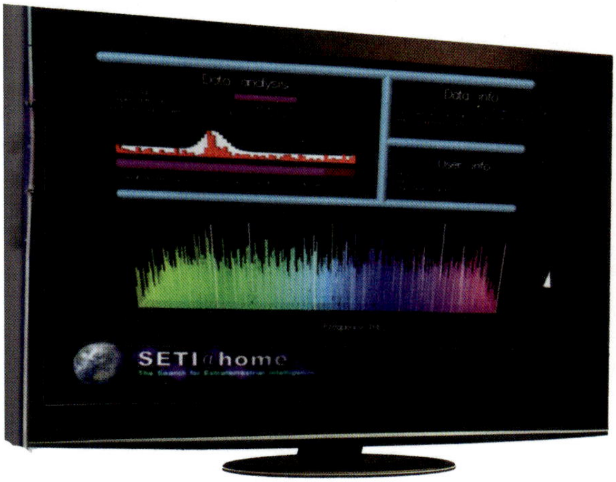

SETI@home 屏幕保护程序的截图

setiQuest Explorer 应用程序的截图

“SETI”是一个缩写，它的中文全称是“搜寻地外文明”，通俗地说，就是寻找外星人。这虽然听起来很科幻，但这其实却是个相当严肃的科学研究项目，在射电望远镜的帮助下，SETI 科学家搜寻可能由技术更先进的外星人发出的信号。这是个相当繁重的工作，仅搜索银河系就涉及几千亿颗恒星。科学家已收集到了大量的数据，但是没有足够的精力来分析他们接收到的电波中是否真的有来自智慧生命的信号。因此，他们推出了各项计划，希望得到公众的帮助。现在，人们打开家里的计算机就能帮上 SETI 项目的忙了。

天文学家大概是从业余爱好者那里获得帮助最多的科学家了。这其中的原因是多方面的，宇宙浩瀚无边，而科学家人手有限，寻求大众的帮助是有必要的。而且，天文学是一门普通人也很感兴趣的学科，谁不曾仰望夜空，好奇地猜想宇宙里有什么呢？在互联网时代，普通人甚至不需要自己拥有一台望远镜就可以帮助专业天文学家了。例如“星系动物园”（www.galaxyzoo.org）能让公众查看哈勃空间望远镜拍摄的太空照片，有兴趣的人可以帮助科学家

如何加入 SETI 大家庭

想不想加入 SETI@home，让自己的电脑帮忙探听外星生命的声音呢？下面我们来教大家怎么加入 SETI@home。

第一步：注册。首先进入SETI@home官方网站http://setiathome.ssl.berkeley.edu/，点击屏幕上方菜单中的“您的账户”，按网站要求填写电子邮件地址等信息，完成注册。

第二步：安装程序。登录 http://boinc.berkeley.edu/download.php，下载 BOINC 软件。SETI@home 是基于加州大学伯克利分校的分布式计算平台的。这个平台可以把需要进行大量计算的任务分割成小块，分配给安装了 BOINC 屏幕保护软件的多台计算机，然后将计算结果汇总。这样就有了一台由千万台个人电脑组合起来的超级计算机。

下载好 BOINC 后，打开安装程序，按照常规的步骤安装就可以了。如果你想改变储存路径，点击“advance”，程序就会显示“change”按钮，点击它，选择你想要的路径。第一行是安装路径，第二行是程序数据储存的路径。

第三步：选择项目。安装成功后，你的屏幕上会出现程序的运行窗口，这时你只要点击“添加项目”，选择 SETI@home（见上图），再输入你的账号密码。

当程序显示添加成功后，你就成功加入了 SETI@home 计划，成为其中的一员。BOINC 会自动下载 SETI 项目的程序、任务，以及上传计算结果，参与任务你就能够得到一定的积分。

除了 SETI@home 项目，你还可以选择其他项目，比如 Einstein@home 是处理粒子对撞机数据的项目，Rosetta@home 是分析蛋白质结构的项目，Climateprediction.net 是预测 21 世纪气候的项目。

SETI@home 程序通常在电脑开启屏幕保护或较空闲的时候以后台模式运行，它也提供了一个动态的屏保效果，会显示数据来源的望远镜等信息。它不会占用你的时间和与你争夺计算机处理器资源，帮你会在不知不觉中寻找外星人。

按照形状对数百万个星系进行分类，目前“星系动物园”已吸引了25万名志愿者参与。

利用你的电脑和大脑

要帮助SETI，做法其实更简单。目前，已有数百万地球人与SETI科学家合作，帮助寻找地外智能生命。他们把SETI@home屏幕保护程序安装到个人电脑上。这个屏幕保护程序利用的是个人电脑多余的处理器资源，能自动分析SETI射电望远镜的数据，然后将结果汇报给SETI总部。个人电脑用户能够在彩色图形（见本页左上图）上跟踪电脑的处理进程。

SETI@home只是把我们的计算机借给科学家用，没有让我们自身参与进去，那些喜欢“动手”的人可能更喜欢setiQuest Explorer。这款应用程序可运行于网络浏览器或某些智能手机（具体来说就是安卓智能手机）上，显示图像看起来就像收不到信号的带有“雪花”的电视屏幕（见第81页右上图）。

这些“雪花”实际上是遥远星球发来的无线电波数据。每个颗粒状的像素代表了在特定时间特定频率下探测到的信号，像素的亮度表明信号的强度。人们会观察这些像素是否

SETI研究所用来搜索外星智慧生命的艾伦天线阵

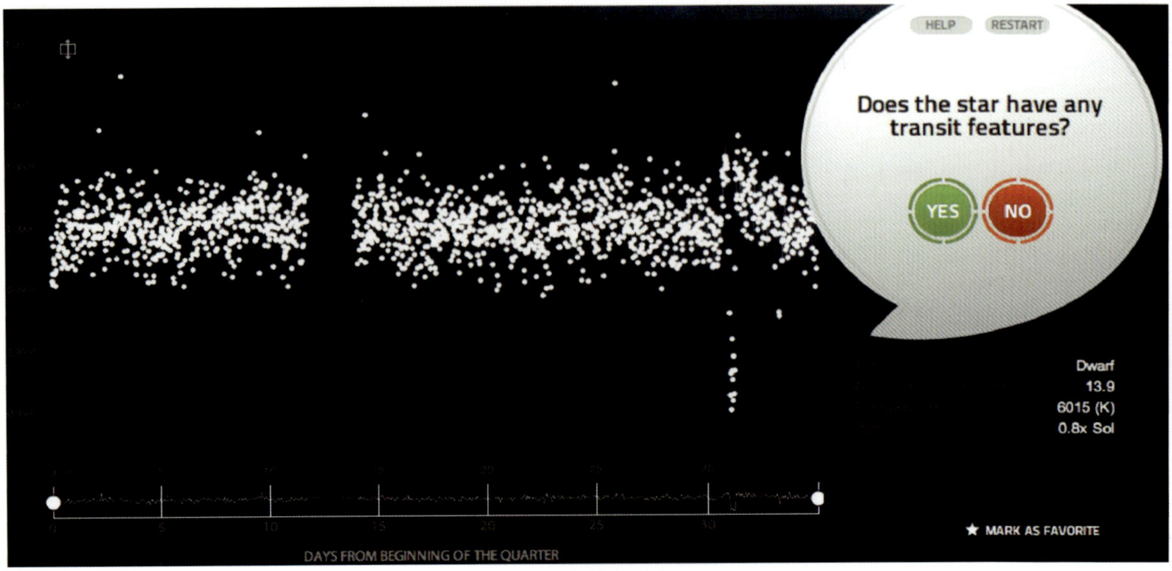

“行星猎手”网站的截图。图中的每一个点代表由开普勒太空望远镜观测到的一个恒星的亮度。横坐标代表观察星的时间，纵坐标代表恒星的亮度

你能在这个光变曲线上看出恒星的光曾被遮住过吗？

形成了某种图案，如果他们看到有图案形成，他们就会点击显示器下方最接近该图案的按钮。setiQuest Explorer 应用程序与 SETI@home 屏幕保护程序相互补充：SETI@home 利用个人电脑来监测直线或点状的图案，而 setiQuest Explorer 则利用人脑来寻找更复杂或更多变的图案。配合使用它们的目的就是“穷尽一切可能，不漏掉一个外星人信号”。

寻找外星生命的家园

除了帮忙分析外星人发来的信号，我们也有机会帮助天文学家寻找外星人的家园——太阳系外行星。现在天文学家寻找行星的最有力的武器是开普勒空间望远镜，它通过观测恒星的亮度变化，寻找那些可能会遮住部分星光的行星。开普勒观测的每颗恒星都可以画出一条亮度随着时间变化的光变曲线，如果有会遮住星光的行星，光变曲线就会周期性地下降。分析这些曲线正是寻找地外行星的关键一步。

运行开普勒的科学家们编制了计算机程序来处理这些曲线。不过，要做这种工作的话电脑未必强过人脑。用电脑来识别图形是人工智能的一个重大问题，我们人脑很容

易就能辨认图形的相同或相异之处，但是对于电脑来说，这未必是件容易的工作。当然，恒星的光变曲线作为图形来说非常简单，计算机也基本可以胜任识别凌星的任务。但用人脑来识别的话，可能会更加准确。

开普勒空间望远镜要记录150万颗恒星的亮度变化，数据可谓海量。不过，如果集合全世界网民的力量，人肉数据分析就成了一种可能。科学家推出了“行星猎手”网站（http://www.planethunters.org/），在这里，人们可以浏览恒星的光变曲线，找出那些亮度出现周期性减弱的曲线，并且勾选出亮度变化的区域。参与的人越多，分析的数据就越多，也就越有可能发现太阳系外行星，甚至发现计算机分析的漏网之鱼。

很多地方都需要你

在这里有必要指出，普通人也能为其他学科提供帮助，SETI@home屏幕保护程序只是志愿者参与科学研究的一个例子。

单是BOINC软件就能应用到多种不同的领域：数学、医学、分子生物学、气候学和天体物理学。还有很多项目值得人们贡献个人电脑闲置的CPU，这些项目名单可在http://www.boinc.berkeley.edu/projects.php上找到。

喜欢setiQuest Explorer这类需要自己动脑动手项目的人们也有帮助其他学科科学家的机会。例如，有个可以帮助生物化学家分析蛋白质结构的网页游戏“折叠”（http://fold.it/），人们只要遵循规则折叠屏幕上的蛋白质分子，寻找最合理的折叠方式就可以了。

公众项目激起了人们对重要科学问题的兴趣和理解，职业科学家越来越频繁地邀请公众帮忙做一些基础研究。需要人们帮助的项目名单可在网站https://www.zooniverse.org/上找到。如果全球业余科学家都联合起来，贡献他们的电脑和大脑，那就不知道会解决多少问题！

The Warning from Hawking
霍金的警告

史蒂芬·霍金认为，人类试图和外星人取得联系很可能是一个非常糟糕的主意。但是继新型射电望远镜发明以后，人类在一步步地进行着对地外生命的探索。探索外星生命，我们真的想好了吗？

霍金：不要招惹外星人

2008年2月，美国国家航空航天局（NASA）将一首披头士的歌曲发送向遥远的太空深处。在射电天文望远镜的指引下，这首歌曲的声波朝着北极星方向传输。天文学家们还播放了披头士的太空专辑。他们期望着在430年以后，歌声抵达北极星时，那里的智慧生命能够听到（如果那里存在的话）。

对外星生命的探索不仅是文学或者影视作品的题材，在现实生活中，也实实在在地发生着。NASA的探测仪正在努力尝试探索太阳系以外的浩瀚宇宙，天文学家们也在仔细地聆听着从太空传来的种种信息。如果能够证明我们人类在宇宙中并不是唯一的智慧生物，并且可以和外星生命交流，那该是多么令人敬畏和神往！

然而，在大物理学家史蒂芬·霍金看来，事情却并非如此。他说："如果外星人来拜访我们，结果可能就像哥伦布发现了美洲新大陆。大家都知道那对于美洲大陆上的原住民印第安人来说可不是什么好事！”霍金认为，在探索频道发现新的证据以前，人类与其努力地寻找外星生命，试图和他们交流，还不如自觉地避免与其接触为好。

霍金坚持认为，根据科学家目前已知的这些星球来看，我们肯定不会是宇宙中唯一的智慧生命。毕竟仅在银河系，就有数十亿颗的恒星，而且还有数量更为庞大的行星围绕着这些恒星运转。在这些星球当中，生活着一些能够进行星际间交流的外星生命也是不足为奇的。

试想一下，地球已经存在46亿年，而人类的历史却只有大约300万年，人类文明只有5000年左右，而科技迅猛发展的时间只有200多年。但这200多年，却让人类发生了翻天覆地的变化。这一变化足以让现在的人类能轻松消灭200多年前的人类。

考虑到人类当前的活动范围最远仅限于地月之间（目前还无法将人类送上火星），也就38万千米，而目前太阳系内毫无生命现象，最近的恒星也在4.2光年以外。所以，如果近些年来我们能够遇到外星人，那么他们应该会有星际航行的能力，其科技水平应远高于我们。

那么，更高的科技水平必然会带来更高的道德标准吗？所以，当霍金这样功勋卓著的科学家建议避免与外星生命接触的时候，还是值得一听的，不是吗？

“搜寻地外文明”组织有话说

美国加利福尼亚的“搜寻地外文明”组织是全球知名的搜寻地外生命的团体，该组织的资深天文学家塞思·肖斯塔克却不同意霍金的观点。他说：“这是一种没有根据的恐惧。如果外星人对地球上的某种资源感兴趣的话，害怕他们也没用，因为无论我们是否广为宣传自己的存在，他们为了资源都会找到地球。如果是这样的话，他们也许

10 亿年前就找到地球了。”

“如果我们真的担心在‘星际丛林’中呼喊会有什么不测的话，那么我们首先就得关闭英国广播公司（BBC）、美国全国广播公司（NBC）、美国哥伦比亚广播公司（CBS）以及其他广播电台的天线。这些电台的电波已经传到太空中很久了，最早的已经有 80 年。所以，即使想阻止外星人收看美剧的话，也是为时已晚。”

范围最广、影响最大的外星生命搜寻热潮始于 1960 年。那时候天文学家弗兰克·德雷克正指着位于弗吉尼亚州西部的射电望远镜，该望远镜直指鲸鱼座的 T 星球。他当时正在寻找那些可能是由外星人发射的不规则的电波。他的这些想法最终造就了 SETI 组织。如今这个仍然活跃在世界各地的组织，正通过电波搜寻太空中传来的信息。但是，太空却一直沉默着。

只是地球人的思维

外星人从没给人类发出确切的信息，可这并不能阻止天文学家和生物学家（更别提电影制片人）的极大热情，他们还是不断地猜测外星人到底长什么样子。“搜寻地外文明”组织的天文学家们在该组织成立初期，倾向于关注那些与我们地球较为相似的行星，因为在他们看来，既然我们所知道的唯一的智慧生命就是我们人类，那么只能假设外星人可能长得跟我们也差不多，外星人所生存的星球也应该和我们所在

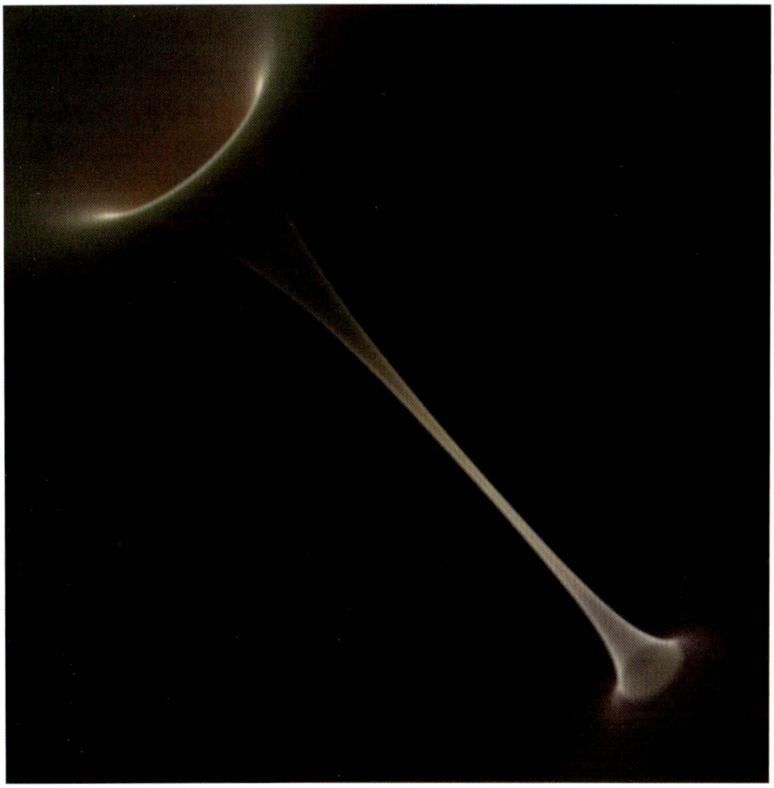

人类目前为止到得最远的地方是距我们约 40 万千米的月球，大约是 1 光秒，而离我们最近的恒星约 4.2 光年。如果我们现在可以在太阳系接触到地外高等智慧生命，那么他们所掌握的科学技术一定是远远超出我们的想象。他们可能甚至已经控制了能够穿越时间隧道（虫洞）的能量，可以轻易地从他们的恒星系飞越到我们太阳系。对他们而言，地球上的人类很可能是他们完全没有兴趣接触的低等生物

的地球类似。但是，这种推断明显有些证据不足。

“嗜极生物”是一种可以在恶劣环境下生存的物种，即使环境恶劣到足以使人类或其他常见的生命迅速灭绝，它们也能幸存下来。这些单细胞生命有的生活在海水被烧得滚烫的海底火山口，有的则生活在冰点以下，它们的生存环境中最热的地方比最冷的地方温度高 200 摄氏度。

“在我们有限的知识范围内，我们把这些生物称为‘嗜极生物’，其实这是基于把我们人类视作为‘正常生物’的偏见来给它们命名的。对人类而言，那里的一切都极端得不可思议。”

在地球上，生命不仅存在于陆地，也存在于水中。地球被厚厚的气体包围着，生命还有可能存在于这些大气中，从空气中吸取养分。而对外星生命，我们处于一无所知的状态，所有的假设和猜测，包括霍金本人的想法在内，都

"平方千米阵"(Square Kilometre Array)将由上千台天线组成，是计划中的下一代巨型射电望远镜阵。"平方千米阵"预计能够探测到宇宙大爆炸之后第一代恒星和星系形成时发出的电磁波，揭示磁场在恒星和星系演化过程中的作用，探测暗能量产生的种种效应，甚至有人希望能够接收到地外智慧生命发出的无线电信号

有可能和实际情况完全不相符。

保罗·戴维斯是亚利桑那州立大学的天文物理学家，他在"搜寻地外文明"组织中负责后检波特别工作组的工作。他认为外星人的大脑构造与人类不同，而且获取信息的方式和人类也大不相同。那些我们认为美丽或者友好的事物，对他们而言也许是恶意的；反之也是一样。对此观点，天文学家斯图尔特则进一步表达说："我不认为你可以想当然地把人类的思维观点强加给外星人，这是一种非常危险的思考方式。外星人毕竟是外星人，如果他们真的存在，我们不能简单地认定他们就像我们一样。"

未来目标，更远更深处的宇宙

在未来几十年中，对这些未解之谜的推测肯定还会不断涌现。在这一领域的先驱者则是天体物理学家，他们在这一前沿科学领域中不断地前进着。同时，也要感谢不断进步的科技。正是这些科技的进步，才不断地推动着这一前沿科学的发展。

在20世纪90年代初，科学家对太阳系以外的行星还几乎一无所知。然而在今天，通过放射到太空的开普勒空间望远镜，科学家推测银河系拥有1000亿至4000亿颗行星，正在层层筛选可能的类地行星。

未来的地面望远镜，比如目前正在努力建造中的欧洲巨型望远镜（内有直径30米的镜片），预计在2030年生产成功。当这一望远镜成功制作出来的时候，人类将能看到更深处的太空，发现更远处的星球。同时，“搜寻地外文明”组织也在谨慎地协助这一望远镜元件的生产。还有目前的“艾伦望远镜阵列”（由微软创始人之一的保罗·艾伦赞助1150万美元建造）包含42根天线，每根天线的直径达6米。此外，“搜寻地外文明”组织还计划再募集3500万美元，把天线增加到350个。

“搜寻地外文明”组织成立后的这些年里，他们至少已经仔细观察过1000多个恒星系统了。可是一旦“艾伦望远镜阵列”建造成功的话，观察这上千个恒星系统只需要2年左右的时间就够了。

随着射电望远镜的不断进步，肖斯塔克也越来越有信心，他认为“搜寻地外文明”组织在未来的20年内将能够找到外星人。“在未来的20年间，我们能观察到上百万个恒星系统，如果这一目标能够实现的话，相信很快就能找到外星人。”

The Scale for Galaxy Civilization
星系文明的进化层级

俄罗斯天体物理学家尼古拉·卡尔达肖夫在1963年开始研究类星体CTA-102，这是搜寻地外文明计划的一部分，那时他突然想到银河文明可能存在于宇宙中，甚至有可能比地球文明早几百万年或几十亿年出现。他自创了一种分类标准，将外星文明进行分类，以示它们比地球文明的先进程度。他认为，一种文明的技术进步程度取决于其人民使用的能源。

类型0

类地文明。这种文明可以使用基本的原材料，如煤炭、石油以及木材来获得能源。他们在太空探索方面会使用简单的航天器及推动力。他们很可能没有能力飞往其他星球或月球来利用那里的资源。这是原始的文明阶段，我们地球以及我们如今的技术就处于这一阶段。是的，我们的文明处于0级！

类型1

行星文明。这一文明可能会比地球文明先进一点。他们能够毫不浪费地利用其行星上的任何资源。地球文明可能需要100或200年后才能够达到这样的文明程度。

类型 2

恒星文明。这一文明比我们当前的地球文明要先进约 2000 年。他们能够利用其恒星系上的所有能量，总量为 10^{26} 瓦（也就是 10 后面加 25 个 0 的数字）左右的电能。如果你还记得《星际迷航》，你就会对“类型 2”文明的程度有一个直观的了解。他们可能已经研制出一种翘曲航行飞船，其速度超过光速，从而使他们的飞行难以被发现。

类型 3

星系文明。这一文明所利用的能量是“类型 2”文明的 100 亿倍。他们能利用其星系中的所有能量。他们可以在不同星系中的恒星之间来回穿梭，并且只要他们愿意，他们可以利用任何恒星上的能量。他们还可以移居到其他星球上，甚至可以改变那个星球的形状。

类型 4

宇宙文明。处于这一文明中的智慧生命可以在整个宇宙中穿行，实现星系之间的旅行。他们可以利用十万亿亿个太阳的能量。他们还可以改变时间和空间，可以从未来回到过去，然后再回来！他们将统治宇宙中的其他物种，并比他们活得更长久。

类型 5

多元宇宙文明。处于这一文明的智慧生命能够轻松地在各种不同物理构成、不同时空和物质组成的不同宇宙间自由穿行。这一文明拥有无穷的能量。他们能够永远活着并且可以变形成任何生物或幽灵。

Ten Ways to Find E.T.
十大途径寻找外星人

几十年来，SETI 项目一直在尝试通过无线电与外星智慧生命取得联络，然而人们得到的仅仅是毫无特点的无线电噪音。那么，外星智慧生命到底为什么如此沉默呢？

“我们寻找的方向错了吗，还是时间错了，还是方法错了？”天文学家保罗·戴维斯（Paul Davies）问道。

戴维斯在他的《可怕的沉默》中解释说，即便有和我们相似的外星生命，比方说他们生活在1000光年之外的星球上，那么就算他们拿起了望远镜，找到了地球，他们看到的也是地球 1000 年以前的情景。他们何苦还会给一个没有电波接收系统，甚至连电都没被发明出来的星球传输电波呢？

如果说监听电波对我们而言有些太遥远了，那么，还可以用哪些方法去寻找外星生物呢？著名科普作家莎拉·杰林斯基归纳了 10 种方式。这些建议已经通过各种渠道，被运用到了实践当中。

1. 特殊光线

搜索外星生命光线。在过去的 20 年间，俄罗斯和美国的科学家曾经阶段性地试图在太空搜寻那些特殊的光线。这些光线不同于自然界的普通光线（例如星星发出来的光线），而是那些只能由智慧生物制造出来的光线。

2. 外星人造物

寻找巨大的外星建筑。当人们想到这一主意时，最佳例子无疑是“戴森球”，即一种环绕恒星建造的假想建筑物，用于收集星体的所有能量。

3. 物质和能量的变化

寻找小行星矿藏的证据。人们正在寻找太阳系行星的矿产，评估这些矿产的开采价值。难道外星生命就不会这么做吗？证据可包括行星化学成分的变化、矿物残渣的分布，还有其他在地球上就能探知的行星的热量变化。

4. 外星大气层

检查星际大气中的污染物。如果一个行星的大气里面有非正常的化学物质，例如含氯氟烃，那就表明在该星球有智慧生物存在过。

5. 恒星变革

寻找恒星工程的迹象。恒星工程就是智慧生物修改、操纵恒星的工程，可以让恒星更稳定或直接利用它的能量来源。目前，这仅是科学幻想的内容，不过一个有能力摆弄恒星的外星文明可能对我们落后的地球人不感兴趣。

6. 在我们地球上的隐秘处

在地球上寻找外星人建筑物的痕迹。地球已经存在了几十亿年了，谁敢说外星生命从未到访过？

戴森球

1960 年，物理学家弗里曼·戴森提出：地球这样的行星，本身蕴藏的能源是非常有限的，远远不足以支撑文明发展到高级阶段；而一个恒星—行星系统中，绝大部分能源来自恒星的辐射都被浪费掉了，目前我们太阳系各行星只接收了太阳辐射能量的大约 1/109。如果能源需求以每年 1％ 的速度保持增长，那么 1000 年内我们所需的能量，就会超出照射到地球表面的太阳能。我们或许可以做一个巨大的球罩，将太阳包围起来，使得太阳的大部分辐射能量能被截获。这就是“戴森球”的由来。

戴森球的规模几乎是无法想象的。一个半径相当于地球轨道的球壳，表面积是地球表面积的一亿多倍，建造这么个大家伙绝非易事。但是，在人类目前的技术水平上无法做到的事，并不意味着外星文明无法做到。

“戴森球”系统的存在会阻挡恒星系统发出的光，让我们的肉眼看不到它，但这个球壳仍会以红外辐射的形式将废热向外发出。因此，如果红外望远镜发现了一个温暖的天体，在可见光波段却什么都看不见的话，它就有可能是“戴森球”。有一些科学家就试图通过搜索“戴森球”来寻找外星文明。

如果他们很久之前就来过这里，那么也许他们会在极其隐蔽的地方留下痕迹，比如海底。

戴维斯问：“是否地球上的所有生命都属于同一棵（进化）树，或者事实上可能存在不只一棵树？甚至可能是一片森林？”如果确实有一棵完全不同的生命树与我们已知情形共存，那么不得不说我们的起源并不是唯一。

当天文学家观测超新星 SN 1987A 的中微子爆发时，世界各地有三台中微子侦测器各自探测到 5 到 11 个中微子。有趣的是：这些侦测器是在 SN 1987A 爆发的光线来到地球之前 3 小时侦测到中微子的

7. 有规则的信息

寻找中微子序列。戴维斯在他的书中指出，中微子这种如同幽灵般存在的亚原子粒子，有可能是被用来传递信息的，因为和超声波或光波相比，中微子更适合用来长途传递信息。信息本身可能是非常简单的，并且用一种外星莫尔斯码加密过，但是在地球上是可以被我们探测到的。

8. 遗传信息

搜寻 DNA 中的信息。DNA 是保存信息的另一种方式。外星人，或者是外星探测仪，也许在很久以前到访过地球，并且在某些古生物身上留下了信息。戴维斯认为病毒可以存储 DNA，成为星际交流的载体，然后在到达某个星球时注入宿主细胞。当然，这一推测缺陷甚多。就像戴维斯指出的那样，把信息植入人或者动物身上，而且要保证信息在生物进化过程中发生基因突变时完全不被影响，这几乎是不可能的，但也不能完全否认这种有趣的可能性。

9. 外星飞行器

发现外星飞行器运行的痕迹。嘿，如果这点对瓦肯星人（科幻影视剧《星际迷航》中的一种外星人）来说是正确的话，为什么对我们来说不是呢？

10. 您好！外星朋友

邀请外星人上网。科学家建立了一个网站，他们要求外星人给他们回复邮件。虽然到目前为止，所有的回复都被认为是恶作剧，但是尝试一下也没什么坏处。